1%法则

[意]
卢卡·马祖切利 著
王烈 译

LUCA MAZZUCCHELLI

贵州出版集团
贵州人民出版社

献给贾科莫、马蒂亚、埃莉萨，

他们教给我经常改变习惯的好习惯。

—

○● PREFACE ○新版前言●○○

《1% 法则》初版至今已有三年，我感觉有必要出一个新版，加入一些更有助于改变的工具和理论。

这些内容大部分成形于心灵中心（MindCenter）内部——这是我负责协调的心理学、心理治疗和人生指导机构。近年来，有数百人来此寻求改善生活习惯、改变生活方式的方法。有机会与如此多的人一对一探讨，让我们得以将上一版中促进改变的知识组织成一个真正系统的八步达标法（见附录）。

此方法最具革新性的部分应该是“以价值取向为基础培养习惯”和“连锁改变”，它们让人能有新的决心，长期而有效地进行有利于个人福祉的行为。

我们也对文字做了诸多修改，使之更加明确，还加入了一些新的思索，编写了全新的篇章，以阐明如何将前述概念落到实处。在成功案例之外，我们还简单明了地分享了这些年总结出来的具体方法。

世界光速变化，一切越来越不确定，如何快速高效地塑造自己便成为重中之重，这样才能准备好去迎接前方的众多挑战。

祝读者朋友阅读愉快、生活美好，愿“1% 法则”的力量永远与你同在。

卢卡·马祖切利

○● PREFACE ○推荐序●○○

为好友卢卡·马祖切利的第一本书作序是我极大的荣幸。心理学（以及心理学家）经常被人诟病只会空谈：尽讲些虚无缥缈的概念，脱离现实生活，经常不知所云（也不是完全没道理）。但本书不是这样，作者提出的好习惯的养成策略首先是以直接而具体的经验为基础的。几年时间里，卢卡（或许该称他为马祖切利博士了）就从默默无闻、工作不稳定的心理学家转型成意大利最著名、最权威的心理专家之一。他是怎么做到的？得益于大佬引荐、拉关系？喝了什么神药？都不是，他只是凭借内驱力，通过一系列好习惯走上巅峰。

这些好习惯让人一点点地取得成效，实现可持续而长久的转变。如何养成这样的习惯？马祖切利在本书中以直接经验作为“课堂实例”向我们讲述了具体策略。可以说，作者本人就是此方法的生动例证。这通常会引人反感（谁都讨厌把自己吹成榜样的人），但本书不会，因为卢卡的叙述非常风趣幽默，他经常自嘲，简单直接到令人放下心防、顿生好感，完全没有某些著名心理学家的那种自视甚高的自恋情结。

作为同行，我斗胆在此对内容做一些技术性说明。从约翰·华生（1878—1958 年）的时代起，研究“习惯”就是心理学的一部分，华生甚至将性格定义为层级习惯体系的最终产物。自心理学思想发端以来，“习惯”和“动机”就一直被视为互不相容，前者重复无趣但有效，后者美好诱人但不可靠。人们必须从鱼和熊掌之中做出选择，要么服从没意思但至少能带来一些成果的惯性，要么服从诱人但难以掌控的一时兴起。在这个问题上，我和卢卡经常争论，他是“习惯派”，我是“动机派”，最后我们发现，实际上两者根本不矛盾。

我认为这一点在本书中体现得很清晰：一时冲动（即“外在动机”）由外界推动，持续时间很短，因此也很不稳定；而“内在动机”则是另一回事，它是“自我推动”，能持续很长时间，短暂的热情消退之后也依然能起作用。而内在动机的支撑就是习惯，最刻苦训练的运动员也会有起床之后不想训练的一天，那时，唯一能促使他们走进训练场的就是刻苦训练的习惯。

祝阅读愉快。

彼得罗·特拉布基

维罗纳大学神经科学系教师

○● CONTENTS ○目录●○○

引言　习惯的力量

青蛙、习惯、改变

一只青蛙偶然跳进刚刚放在炉火上的锅里，火很小，青蛙在干净温暖的水中惬意地游着，非常舒适。慢慢地，水开始升温，但青蛙依然觉得还算舒服；然后火变大，水更热了，有点超过青蛙喜欢的温度范围，但它没有慌，稍做努力很快就适应了温度的上升；渐渐地，水变得滚烫，青蛙觉得受不了，但已无力自救；就这样，它一直忍，直到被活活煮死。

“温水煮青蛙”的故事告诉我们，如果变化足够缓慢而渐进，那可能就不会被觉察到，于是就不会引起任何反抗。如果青蛙在水沸腾时落进锅里，它肯定会马上跳出去，至少会试着逃生。

现在，让我们来想想到底是什么杀死了青蛙。沸腾的水？生火的人？都不是，是它该从锅里跳出去时没有跳。它屈服于习惯和懒惰，想跳出去时为时已晚，无法自救。

我们就像故事中的青蛙一样妥协并习惯了对我们不好的东西：不公、噩耗、虐待、拮据、退让等种种生活中的困难。也许一开始我们还会反抗，有所行动，但通常最后都会适应，形成习惯。这么说并非表示习惯或适应是不好的，只是想说明：除了任由他人或生活在情感、精神、生理和心理上“煮死我们”，我们还有另一种选择。这种选择需要我们付出一定的努力，它可能不是自发的，也不能立竿见影，但长期来看却有利于身心健康。往“锅外”跳需要付出努力，甚至会带来不适，毕竟在暖暖的锅里待着也不错，而跳出去需要很大的力量，不仅是生理的力量，还有精神的力量。

青蛙的故事告诉我们，有时候，我们会在不知不觉中逐渐受困于伤害自己的事物。为避免这种情况，我们必须学会警惕，思考我们的选择所带来的长期效应，这样我们才能弄清楚何时该奋力一跃，以免为时过晚。

本书想指出的，不仅是要如何改掉那些不知不觉中“慢煮”我们的习惯，更重要的是如何养成那些能帮助我们逐渐改善生活、维护身心健康、有利于实现目标的习惯。

为什么要写一本关于习惯的书？

因为今天的你基本就是过去5年[①]所养成习惯的综合体现。你是习惯一日三餐吃得健康，还是靠快餐解决？习惯一天玩四个小时的游戏，还是习惯花半天时间读书、看纪录片来丰富自己的头脑？习惯省钱，还是花钱？习惯在危机中找到积极的一面，还是会沉入悲观忧郁的海洋？心情不好时会诉诸笔端，还是一醉方休？每天早上花10分钟锻炼，还是每天抽一包烟？每天晚上都要来上一杯酒，配点薯条，还是吃早餐时来一杯橙汁？

正是这些习惯性的行为大体上决定了你今天是什么样的人，以及将来会成为什么样的人。研究习惯，能让你看到未来的自己：

5年之后的你，将会是今日决定养成的习惯的结果。

总之，习惯的影响很大。我想我已经给了你很好的理由，去审视支配你行动的习惯，思考哪些需要改变，哪些需要加强。

习惯的养成

本书的关键词是“习惯”，但习惯到底是什么东西呢？其实

①有人问我为什么是5年而不是3年或10年，其实，许多习惯在几周或几月之后就能给生活带来益处，不过我认为5年是足够长的时间段，可以让行为深刻地改变我们，并给生活带来丰富而长期的效果。——原注（以下若无特别说明，均为作者原注）

就是我们对事物惯常的、不经思索的反应模式[①]。每个人都有几十上百甚至上千个习惯。

仔细检视过去，我们就会发现许多习惯是家庭教育的结果。周围人（家人、老师、朋友）的行为、看过的电视节目、读过的书都可以让我们养成某些习惯。我们还可能通过经验养成特定的习惯：意识到某些行为会带来舒适而某些行为会产生恶果，就会发展出某些功能性的习惯，以达到正面的状态，避免负面的状态。总之，周围的一切都在一定程度上是塑造我们每一个习惯的力量。

具体而言，习惯包括表达、姿态，行动方式，吃饭、打电话或用电脑的方式，怎么在公共场合说话，怎么学习及工作，如何向他人介绍自己……更概括地说，是你应对外界的刺激方式。就算没有意识到，我们的生活也被习惯掌控着。它就是随着时间的推移被我们发展并内化的基本模式。

生命中的某个时刻，我们可能会主动想要养成新的习惯（比如集中精神、停止拖延、提高效率，冥想、锻炼，健康饮食、广交朋友，等等）。不过，如果养成新习惯很简单，比如只要想多多运动就能做到每天去健身房，那我也可以就此搁笔了。事实是如果不做好准备，培养新习惯很难，维持新习惯更难。

既然我们的生活由无数的习惯组成，那么，每当我们要主动培

①2006 年杜克大学的一项研究表明，人们每天的举动中有 40% 是习惯成自然的结果，而不是有意识的决定。

养一个新习惯时，就得“重组”自己和我们的思想，而这就算可行也是非常困难的。不过，找出干扰习惯养成的因素，也就可以找到习惯维持的障碍。还记得有一次，我和几个朋友下定决心要每天跑步半小时，结果仅仅一周之后，我们唯一有“跑”这个动作的情况就是跑向沙发和拿遥控器。很多事做一次两次可能很容易，要坚持下去却很难。

其实，阻碍达成目标、培养新习惯的障碍大部分都来自我们自己，来自我们的固有思维。

由此出发，习惯问题就有了新的意义，因为它可以成为一个“实验室”，让我们对自己有新的认知，弄清什么东西最能激发我们。

习惯的自动化

本书的中心论点是：可持续的改变并不能通过冲动来实现（动机很有用，但也是最被高估的因素之一），关键是要养成习惯，让习惯将我们一步步带向我们想成为的样子。

你无法决定未来，但你的习惯可以创造未来。

看看每年 12 月 31 日都会发生的事情：无数人下定决心新年

要减肥，而 12 个月之后一切如故，几乎没有人发现体重秤上的自己比之前更轻。

这充分说明，太多人对待改变的态度都过于天真——等到合适的时机才开始难以维持的新行动——不管是改变饮食习惯还是去健身房健身，不管是学习一种新的语言还是改善自己的性格。当我们干劲十足时，会有一种错觉：似乎只用很短的时间就能达到目标。但那种神奇的“干劲儿”很快就会离我们而去，结果是我们比之前更严重地困于旧习惯之中。因此，如果真的想改变生活方式而不只是空口说大话，就要研究习惯，这样才能知道有哪些诀窍可以让最开始的“干劲儿”不消退。

既然习惯（不管好习惯还是坏习惯）的特征是“自动化”，即不加思索的自然动作，那么，一旦我们知道了如何养成更有用的习惯，就能让它们带着我们一天天驶向要实现的目标（不是说毫不费力，但几乎不用费多大力气）。

接下来，我将展示一种从研究和实践中总结出来的方法，来说明如何让动作可以长期重复，并最终将它们转为习惯。

通过研究有利因素，每天重复想要加强的动作以锻炼意志，我们就会接触到“内在动机”。比起那些年入百万的所谓“讲师”打鸡血式的短暂激励，这是更宝贵、更可靠的力量来源。

靠他人的激励不会走得太远。

真正有大成效的动机其实不是来自外界的“外在动机”，而是被心理学家称为“内在动机”的自我动机，它与自律相关，以习惯为支撑。

本来我想把这本书命名为“制胜的习惯”，以说明习惯并非只与单调、无聊、重复联系在一起，它也可以是一种强大的力量，推动我们走向目标。但我对这个标题有双重担忧：一是我不想被当成“鸡血大师”，说“这样做必成功”，这不是我想要的，我想要的是借助心理学界的科研成果，推动人们找到内在的指引；二是这个标题只道出了本书的一部分内容，下文确实会说到真的有助于改善的习惯，但本书的重点其实在于将任何类型的动作转变为习惯的方法。至于到底哪些行为能够“制胜”，每个人根据自己的目标和愿望都可以有不同想法。于是我取了此方法中的一部分——“1% 法则”——作为书名。

事实上，通过梳理过往案例经验以及自己的心得，我意识到，大部分人都是在接受“1% 法则”时在新习惯的培养上有了突破。这是改变思维的第一步，有了它才有“新生”：一次 1%，从什么都不做（或三天打鱼两天晒网）到每天做点什么，并维持较长时间。

现在该计划你的“新生”了，首先想一想起点和终点应该是什么，换句话说就是生活的方向，搞清楚哪些动作需要“自动化”，哪些不需要。我们将在下一章开头来做这件事，在此之前先说明几个要点。

大自然的实验

地球上有一项最重要的实验，能证明习惯就是达成目标的最可靠方法。这项实验就是进化，而实验者就是最权威的大自然，实验室就是地球，时长则是数百万年。

观察一下我们的大脑，就会发现它由三部分组成，分别对应三个不同的进化阶段：高等的“新脑”是灵长类动物独有的，由边缘系统组成的“旧脑”所有哺乳动物都有，而由小脑和脑干组成的原始“原脑”则是自爬行动物出现就有了。

高级的“新脑”掌管理性思维，边缘系统掌管情感，小脑和脑干则掌管本能，负责调节呼吸、心跳、姿态等最基本的生命功能，这些功能不用刻意思考，完全自动进行。这可不是偶然，想象一下，如果我们在呼吸时还要记着会发生什么，那不仅剩不下多少注意力用于别的功能，更糟糕的是，分心超过 5 分钟我们就可能死掉。

这似乎在告诉我们，最好的办法就是把最重要的事交给“原脑”自动执行。原始大脑就像保险箱，比不可靠的高等“新脑”安全得多（它掌管理性思维，而推理可以因为许多错误理解而扭曲），也比善变的边缘系统安全得多（这是情感中心，稍微过火就完蛋了）。

总之，让行动尽可能自动化是最佳策略，至少大自然母亲千万年来都是这么做的，而且效果极好。

1% 法则

本书非常实际，旨在帮助你改变，养成更好的新习惯，以达成目标，成为你想成为的人。

我的方法的基本要素是专注于“1% 法则”。作为最让人惊异的事实真相之一，人为了进步必须拥抱改变，但人又倾向于抗拒改变。用法国生理学家克洛德·贝尔纳提出的“稳态”概念来解释，这一现象就很容易理解：试图改变时，系统会激活一个对等的抵抗力，以维持初始的平衡状态，哪怕那种状态并不好。

越是急于改变，就会越快地回到起点。

因此，要实现改变，就要想办法绕过或消除系统的抵抗，这正是心理学家面临的最大挑战之一。

“策略型短期治疗中心”创始人乔治·纳尔多内和保罗·瓦兹拉威克在他们的著作《欲罢不能——关于疗愈改变及非普通逻

辑》（2008 年出版）中，指出了几种能超越天然抵抗的改变，其中的灾变式改变和几何级数式改变与我们讨论的主题密切相关。在灾变式改变中，病人受到或直接或间接的巨大冲击，这如同晴空霹雳，瞬间消灭阻力，引起即时改变。几何级数式改变则以“蝴蝶效应”超越系统的天然抵抗。蝴蝶效应即蝴蝶在某处拍一下翅膀，可产生连锁反应，引起几万公里之外的飓风。我们也可以在日常生活中从小到能躲过系统抵抗的改变开始，慢慢积累，引发几何级数式的改变。

灾变式改变是一招制胜，几何级数式改变是聚沙成塔。“前者像勇猛的亚历山大大帝打仗，以强大的力量迅速制服对手；而后者则是军师的深谋远虑，步步为营，每一步小到似乎没什么作用，但合起来就会令对手瓦解[①]。”

疗愈改变和进化改变

你可能已经猜到了，我在本书中提出的方法正是基于几何级数式改变：做出 1% 的改变，引起另一个极小改变，所有微小改变的总和产生大的改变，呈几何级数式增长。

每次迈出一小步，绕过稳态抵抗，向系统或者说旧模式中

①出自纳尔多、巴尔比《欲罢不能——关于疗愈改变及非普通逻辑》（意大利语版），米兰：恩宠桥出版社，2008 年。如想深入了解关于改变的策略，推荐阅读此书。

引入一个“病毒”，一旦成功，就能慢慢攻占整个机体，改变整个系统。

社会学家马尔科姆·格拉德威尔的著作《引爆点》也提到了类似的原理。此书指出，塑造社会的巨大变革遵守与流行病一样的规律。病毒式传播的行为和思想在某个时刻会到达一个阈值（即“引爆点”），超过这个阈值，它们就会走向无孔不入地肆意传播，并产生一种不符合任何线性逻辑的“雪崩效应”。最重要的是，引起这种巨变的往往是极为微小的改变[①]。

乔治·纳尔多在其著作《策略性改变——如何让人改变感觉和行动》（2018 年）中也详细阐述了疗愈改变和进化改变之间的有趣差别。

疗愈改变旨在打破之前的不良稳态，建立新的良好稳态，即停止病态模式，通过特定技巧学习新东西，最终创造一个新的稳态——这个新稳态至少要在初始阶段极能抵抗改变，以防重回病态模式。

进化改变则着重于个人成长和表现提高，因此它并不致力于改变不良稳态，而是追求在我们有兴趣改善的微妙平衡上更上一层楼。此时，通过 1% 法则引入小改变，就会让系统的稳态随之变化，走向进步。但要继续这种新的稳态，就要持续改变。进化改变总是保持着一种“不断向前”所需要的灵活性。正是

①如想深入了解格拉德威尔的思想，推荐直接阅读其著作《引爆点》。

因为它不断发展，永远不会固化在某个僵硬稳态中，所以才有进步。

换句话说，我们引入 1% 法则，就是向系统引入新的“操作”，并通过练习和重复将“操作”变成“习得”，而维持住的习得就会变成“习惯”。这样养成的习惯往往能抵御改变，也就是说能坚持下去。进化改变的精神就是让新稳态不要过于僵化，要一直进步。

第一章

按 1% 法则改变的基础

1
确定人生的方向

习惯通常会让人想到“一成不变”，无聊的墨守成规，甚至改不掉的不良嗜好，但它其实也是达成重要目标的工具。

本书包含的要点、建议、思考，将告诉你如何改变日常，如何养成新的习惯以达到终点。但在此之前，我们需要澄清一些关于改变的不可回避的问题。

首先是改变发生的必要条件，然后是哪些习惯值得培养：要重点关注有助于达成目标的，而不是无益于达成目标，只会让我们空费力的习惯。

接下来，我们围绕“改变”讨论一些基本设定。

你为什么改变不了

我在公立及私立医疗机构从事了多年的全职临床心理治疗工作，处理过家庭关系，面对过无家可归者，也接待过事业有成的人，见过各种各样的情况。我深入学习过多种心理治疗手段，参加过意大利及全世界最著名心理医生的课程，并有幸采访过他们中的不少人，和他们成为朋友。

经历所有这些之后，我明白了关于改变的一件事：作为心理医生、伴侣、朋友、同事、家人，我们无法改变对方，因为改变是一种个人选择。

改变只能由自己决定，无法交由他人代行。

如果有我们能做的，那就是促进他人下决心改变。

请试着回答这样的问题：是什么让你决定和伴侣分手？什么因素让你决定换工作？为什么搬家？

想象你是一个企业家，某员工表现明显很差，但你没有辞退他（尽管你清楚地知道应该辞退他）。有一天，他犯了一个大错，你终于无法再忍受，解除了与对方的雇佣关系。到底是什么让你在那一天痛下决心？

或者想象你和伴侣不和已经有一段时间了——一年前你就觉得他不是对的人，但每天晚上还是和他同床共枕，从来没提过分手，尽管清楚知道自己该那么做。然后在某个时刻，有些事情让你再也无法忍受，于是你终于做出了你一直拖着的事：和他说分手。

究竟是什么促使你改变?

生命中的每一个重大决策和变化背后，都有某种情感在推动着你。这样说也许还不够分量，可以说这种情感风暴摧枯拉朽，完全可以让你变成另外一个人。

99% 的人在伴侣出轨或自己爱上别人时都会与伴侣分手，这种情感压倒一切，可以促使人转换生活道路；抛弃原本支持的人大概也是因为感觉自己被耍了太久，想另寻一片天空；终止雇佣关系也是因为忍无可忍，无须再忍。

理智让人思考，情感让人行动。

所以，推动改变的不是理智，而是情感。当然，言语、方法、技巧都有作用，但如果背后没有强烈的情感（无论是积极情感还是消极情感），改变恐怕就不会发生。一个人下决心付诸行动，总是在某种情感出现之后。

销售冠军、伟大讲师以及任何以公共演讲为职业的人都明白，只有让听众情绪激动，自己的话才能真的被听进去，才能把他们鼓动起来。人们在接受情感作用时会做出小决定，而小决定可以从此改变人生。

为什么情感有这么大的力量?

关键就在于我们大多数人过的都是平平淡淡的人生，每天上班、回家、睡觉，大部分时候只是被动接受生活中发生的事情。

但是，当我们体会到情感时，生活就突然有了色彩，那一刻深入人心，让我们终于觉得自己是生活的主人。仔细想想看，电视传播就喜欢搞这一套：一切只为引起观众的强烈情绪，为达目的不择手段。

克里斯蒂亚诺・罗纳尔多身价数百万欧元，就在于他能激发球迷的情感，而在这种情感的渲染之下，球迷就会去买偶像的球票、球衣、徽章。

美国不是靠枪炮征服世界，而是靠史上最大的情感工厂：好莱坞。美国电影将权力集团想传递给大众的概念传播到全世界，让我们许多年来都认为印第安原住民是坏人，而牛仔是好人，是英雄。

真正好的心理医生不会只给病人一套行动方案，让他照着做，还会在坚实的互信中触动病人的内心，让他产生情感，从而促使他们决定行动起来。

励志类书籍也可算有用——如果能用文字、例证、故事、警句、话题引起读者的情感共鸣。

所有这些与本书、与习惯又有什么关系呢？

关系就在于，在下文中你会发现，只要让你触碰到内心的强烈情感，从而促使你转变人生的方向，你就能具体地改变生活。

不存在所谓的“消极情感”。

很大一部分心理学文章仍然把情感分成两大类：积极情感和消极情感。这种区分很容易误导人，让我们不能以正确的方式去对待情感生活。事实上，如果某件事被贴上“消极”的标签，我们的大脑就会自动抗拒，我们便会逃避恐惧，并借酒浇愁，用毒品麻醉自己，或者用食物填补孤独造成的空虚。抗拒情感不会让我们变得更丰富、更充实，以好奇和开放的心态去了解情感才可以。

如果你对抗害怕，害怕就会变成恐惧；如果你聆听害怕，害怕才会变成勇气。同样地，由于对待方式的不同，生气可以变成怒发冲冠，也可以变成勇往直前。

也就是说，要促进积极的改变，就不应该阻止或忽视情感，因为这是你的一部分，它能改变现状，提供你加速成长所需的燃料。所以，尽管它可能很强大，也要花时间去倾听、质疑、激发和培养。在日常生活中要试着让情感活跃起来，因为在改变过程中，你最大的盟友可能就是它。当你愿意充分体会日常生活中的强烈情感之时，就是找到勇气做出重要决定之时[①]。

因此，当你考虑要培养或改掉什么行为时，先问问与其相关的情感是什么，并试着与之建立联系。想培养的习惯及相关目标越能激发你的情感，本书的指导就越能帮你下决心改变并维持改变。

舵和桨

明白了在任何改变中情感都是基础，我们再来看一看实现改变的方法。它由两部分组成，这两部分同等重要。

第一部分是“确定目标”，也就是想清楚真正想要的是什么（成为国际象棋世界冠军，写一本书，创立一家企业……）；第二部分是“实现体系”，即如何达成目标。

如果目标是“明年跑全马”，实现体系就应该是每周抽出时间跑步三次，坚持一年；如果想让你麾下的球员夺冠，那实现体系就应该是让他们一周练球五天；如果想写一本书，那就应该每天抽出两小时写作。

①我的书《心时代——如何找到幸福的勇气》（佛罗伦萨：Giunti 出版社，2020 年）深入阐述了这种促进改变的强大推动力。此书一半是自传式的讲述，一半是励志：我会牵起你的手，带你走上发现自我内在的旅行，帮助你关注情感改变人的力量，找到勇气去做出选择，让你的独一无二凸显出来。从这个角度说，《1% 法则》正是《心时代》的后续。一旦你更清楚自己的情感，从而明白了自己真正想成为什么样的人，想做什么样的事，习惯可能就是你所拥有的最重要的工具，帮助你去高效而可持续地落实你的计划。

永远要记住，如果你只靠舵和水流而不划桨，那你的船前行得就慢，而且很难达到你的目标。每个人都想成为马拉松冠军，但很少有人愿意做出第一个冲过终点线的人所需的努力和牺牲。

简而言之，舵（目标）很重要，因为指引着生活的方向，但要想实现目标，光有舵并不够，还需要努力、下功夫，有时甚至需要做出很大的牺牲。你给自己定的目标越大，你需要付出的努力就越多。本书着重于实现体系，关注影响和塑造这个体系的力量，以便帮你达到目标，成为自己想成为的人。我的目标是帮你以最佳方式掌控好船，尽可能地利用水流和风，最终到达你选择的港口。

因此，你首先要思考你的目标是什么。这可一点都不简单，因为需要深入思考何为成功。以前，我一直觉得成功是个令人讨厌的词，因为它以一种肤浅的方式把人分为成功者和失败者。不过随着时间的推移，我也学会了正确定义它："成"想成之"功"，实现想要实现的事情。我认为这是人生圆满的基础。如果你不清楚自己想要什么，脑中没有明确的定义，那你就会套用别人对成功的定义。

如果对成功没有自己的定义，就会套用别人对成功的定义。

在临床工作中，我曾多次看到这种现象：表面上非常成功的人士也很苦闷。虽然他们事业有成，取得了非凡的成就，但在内心深处依然莫名地十分不满足。这种痛苦就来自于他们从来没思考过自己要的到底是什么，却把社会、大众、偶像认为重要的东西当成了自己想要的东西。

塞内卡曾说过："对于不知道去哪里的水手，从来没有顺风。"如果不清楚目标是什么，那你就有可能奋力划桨却始终无法抵达终点，白白浪费了时间和精力，也失去了信心。

我不可能知道你的目标应该是什么，因此也无法确定你具体应该采取哪些行动并将其自动化。我要做的是通过两个非常有用的工具帮助你理清思路：第一个工具将帮助你思考自己想要的是什么；第二个工具将帮助你像帕累托那样专注于占比少，但能让人生大不同的事情。

找到价值取向

为了确定目标，首先要弄清价值取向，即生命的价值在哪里。为此，请再思考一下你的生活以什么为规则，你能找出来吗？

当我问到这个问题时，人们通常都会说知道自己的价值取向，并列举一系列的规矩：不可杀人，要尊重他人，不可偷盗。很好，但请你再思考一下日常生活以什么为价值，因为你早上醒来时对自己说的第一句话肯定不是“今天别杀人”“别抢劫那个退休老太太”。为了找出你的价值取向，请问自己以下三个问题：

1. 你希望别人在你的葬礼上怎么评价你？（或者不用说得那么惨，你希望别人走出房间时怎么评价你？）

我希望人们记忆里的我是一个有本事的人，一个认真的专家，能和他们的心灵对话，一个帮助他们把生活变得更好、更丰富的人。我希望同事们认为我很有勇气，正试着去改变心理学科普中的某些教条，并以自己的方式革新了心理治疗这一职业，带着好奇和谨慎探索了新技术在心理治疗中的应用。我希望来找我治疗的人觉得融入了一个大家庭，能记得一起策划疯狂但激动人心的计划是什么感受，并表示和我并肩前行使他们变成了更好的人，能实现遥不可及的梦想和愿望。我希望妻子说我是最好的丈夫，体贴顾家。我希望孩子们这样记住我：一个充满关爱的父亲，会鼓励他们勇敢一跃，独立自主，相信自己，努力去实现梦想，做出最好的成绩；一个懂得倾听、能够理解他们需求的父亲；一个支持他们的父亲；一个能让他们保留批判精神，让他们能够去质疑别人和自己的父亲。这差不多就是我希望在自己的葬礼上得到的评价。

你呢？要给出这个问题的详细答案，可以想想你希望家人怎么说，同事怎么说，好友怎么说。这个思考非常重要，因为它可以帮助你了解你想在世界上留下怎样的痕迹，也就是你的人生价值何在。

2. 如果只剩一年可活，你要如何度过这段时间？

许多人对此的回答是和家人待在一起，或者带着家人一起去旅行。可以，非常好。但客观地说，你不可能让亲人就此将生活停摆整整一年，每时每刻都和你待在一起。这对他们不公平，对你也不公平。退一步说，假设真的要和家人一起去旅行，在旅途中你会和他们做什么？一般会如何度过一天？不可能 12 个月都只是和他们说话、拥抱，眼含热泪地握紧他们的手吧。

如果我知道自己只剩下这么有限的时光，会继续做现在正在做的事情。我想我不会停止录视频、发视频，讲课，帮助他人。我肯定会尽量和妻子、孩子待在一起，可能还会和他们一起去进行一次美妙的旅行，但不会仅限于此，因为在我的生活中，分享很重要，这是我最根本的价值取向之一，帮助他人也是。

请你花点时间认真思索一下，就算在这个世界上只剩一年时间，你仍旧不会放弃哪些东西。

3. 假设你正在街上散步，结果宿命来袭，一栋楼塌了，把你压在下面。被埋在废墟下，你很快就明白自己恐怕性命难保。死去之前，你有 5 分钟可以打一通电话，你会打给谁？会说什么？

这是一个非常有用的问题，因为它将糟糕的情况极端化，迫使我们放下伪装，展示出心中对事情轻重缓急的真正的排序。

尽管你可能意识不到，但今天的生活很可能在眨眼之间就改变方向或直接完结。如果真的发生了，你想最后再听一次谁的声音？妻子、丈夫、孩子、父母还是兄弟姐妹？因闹矛盾而失去的朋友？你会和他们说些什么？

越经常问自己这三个问题，就越能体会它们引起的感受；越懂得聆听和理解这些情感，它们也就越有可能为你指出方向，引导你付出行动，实现目标与想法，让你认识到自己的价值取向。弄清自己的价值取向并非三分钟就可以完成的事情，而是需要每天审视，需要长期扪心自问。

根据你对上述问题的回答，表 1.2 可以帮你找到自己的价值取向，并将其转化为行动、目标和行为（表中我已输入自己的答案）。在下文中，我们会看到如何将行动逐渐自动化的方法。行动越符合价值取向，你就越幸福，反之，你会感到不安、不满、遗憾、迷茫。

如果实在不清楚自己的价值取向，你可以从下表给出的 48 种最常见的价值取向中找出 4 种自己相对看重的作为指引，并以此来组织生活。

表 1.1　48 种最常见的价值取向

帮助	名望	改善
快乐	家庭	诚实
雄心	特别	自豪
爱情	信仰	和平
认可	忠实	热爱
自尊	信任	能力

冒险	慷慨	实现
改变	欢乐	尊重
能力	感恩	智慧
舒适	自立	健康
贡献	努力	安全
勇气	正直	诚恳
创造	聪明	灵性
成长	投入	成功
尊严	自由	坚持
娱乐	忠诚	活力

表 1.2 找到你的价值取向

假设	回答	显示的价值取向	相应的行动	需避免
如果只剩 5 分钟……	打电话给妻子	家庭	和妻子、孩子共度更多时光	某些时间段内的工作干扰
如果只剩一年的生命……	继续做心理类视频	分享	提高视频产出，增加写博客文章的时间	节奏混乱，没有在日程中留出时间来做这些
葬礼上希望其他人怎么评价我……	他帮助别人发现自己的潜力	助人	做更多的免费视频，组织一个能在这方面帮助我的团队	将一切集中到自己身上，不懂得分配任务

价值取向确定之后，人生的方向也就明朗了，目标也就更明确。想想看，史蒂夫·乔布斯可没有以创造 iPhone 和 iPad 为目标，他最初可能都没想到会创造出这些产品，但肯定从一开始就知道应该往哪里努力，要为什么做出牺牲。他想要革新通讯和科技（指引他的一个价值取向可能就是创新），这就是他为人生选择的方向，而发明苹果电脑及之后的一切都是这一方向的必然结果。被史蒂夫·乔布斯选为人生根本的价值取向最终让他能够推出 iPhone，同时也让他和家人亲近。知道自己时日无多时，他并没有停下手中的一切，卖掉苹果公司和妻子一起去荒岛度过余生，而是活得更充实，用手中还有的资源去实现目标，这与他选择的人生方向一致。现在人们提到他，除了不可避免的争议，大家也忘不了他在斯坦福演讲中的那句名言，“保持饥饿，保持愚蠢”（Stay hungry, stay foolish），以及他在苹果总部做的发布会。找到人生方向，按自己的价值取向行动，让他被千万人所铭记。

也就是说，只要符合价值取向，人生方向比某个特定目标重要得多。史蒂夫·乔布斯以革新通信技术为方向，而 iPhone 只是他人生方向带来的一个结果。

练习1　价值取向日记

大约 20 年前，斯坦福大学做了一项研究[①]。两组学生被要求

① 麦高尼格，《压力的积极方面》（意大利语译本），佛罗伦萨：Giunti 出版社，2018 年。

在寒假期间完成不同的任务：第一组每天写日记，持续 3 周，记下自己关于价值取向的思考，以及如何将其体现于每天所做之事当中；第二组仅需在日记中写下发生在自己身上的好事。寒假结束后，研究者发现写价值取向日记的学生更少生病，更有精力，对人生也更有期待。此项实验证实，行动越符合价值取向，生活越幸福。你也可以试着写一写价值取向日记，每天都不忘自己的价值取向，看看你的所作所为如何为自己和别人提供价值。持续几周，每天回答以下三个问题：

1. 我最重要的价值取向是什么？

2. 我的日常行为如何符合价值取向？

3. 我的日常行为如何能为别人创造不同？

每天花 5 分钟写下所做之事，想一想它们与你的价值取向有何关系。这很简单，却会让你的人生大不同。

三个砌墙工的故事

我们继续价值取向的话题。不久前，我偶然看到一则引人深思的故事。

一天，一个路人看到三个砌墙工在干活，就问他们：“你们在干什么呢？”

第一个说：“在砌一堵墙。”第二个说：“在建一座教堂。”

第三个说："在为上帝建屋。"路人思考了一下，得出结论：第一个为工作而工作，第二个为事业而工作，第三个为志向而工作。

其实，三个人在同时同地干着一模一样的活儿，但三个人的主观想法却天差地别。想一想你对待工作的态度，肯定能轻易地和三者之一产生共鸣。有人觉得工作是为了活下去，就像呼吸和睡觉，这是最广泛的看法；有些人则认为工作是为了拼搏，提高阶层，把工作看成要坚持的事业；最后，还有少数人将工作视为志向，或者说是人生的根本。

要记住，三种看法都没有任何错误，老实谋生、没有职业雄心无可厚非，但其实大部分人不想止步于此，都向往更多，而少数为志向而工作的幸运儿则更容易拥有满意的生活。不过，与我们通常认为的相反，理论上任何工作都可以成为志向，问题的关键不在于工作类型，而在于你看待工作的方式。

至此，我希望你已经明了：志向无须神奇而伟大，并非神赐（就像圣保罗在去往大马士革的路上突然受到神启一样），也不是天生藏在身上等待你去发现。志向更有活力，因为不管是什么职业，清洁工也好，公司老总也罢，你随时都可以问自己，你的工作如何有益于别人的生活，如何助推你想要的社会进步……

比如，你可以想想如何将工作融入人生，如何体现你最基本的价值取向。为此，你要找时间思考自己所做之事有何作用，要懂得怎么让工作更符合基本的价值取向，要寻找能激励你向上的榜样。你要学着培养一种目标感，这样做永远不会太早或太晚，只要你能开始。

说到这里，我请你再回答以下问题：

1.“搬砖”是被迫的吗？

2. 干这份工作是因为你觉得它能帮自己提升阶层吗？还是感觉这份工作将你与某种伟大相连？

3. 如何将工作与价值取向、人生目标联系起来，使之更有意义？

像帕累托一样思考

如上所述，想知道哪些行动可强化并培养成习惯，第一种方法就是以价值取向为指导。第二种方法则是优选，就像经济学家、社会学家维尔弗雷多·帕累托那样。每个人都有几十上百个目标想实现，但目标太多反而可能一个都实现不了，这时帕累托就可以帮到我们。

帕累托是谁？

维尔弗雷多·帕累托是意大利裔法国经济学家，生活于 19 世纪后半期至 20 世纪上半期。他在研究意大利的财富分配时发现了一个十分有趣的事实：80% 的财富掌握在 20% 的人手中。

扩展研究范围之后，他发现同样的比例可以推广到全欧洲乃至全世界。据说，有一天他去花园里散步，观察了两株豌豆，发现就连豌豆也是 20% 的豆荚结了 80% 的豆子。

简言之，帕累托通过蔬菜和金钱发现了“二八法则”，又称“帕累托法则”。这是一种统计性的经验法则，可运用于生活的诸多方面。

我们不妨思考一下：衣柜里 20% 的衣服解决了 80% 的场合，20% 的道路导致了 80% 的拥堵或事故，20% 的同事引发了 80% 的问题，20% 最亲近的人给了你 80% 的幸福，20% 的所学内容占据了考试中 80% 的问题，和别人吵架时 20% 的潜在缘由引起了 80% 的争吵，等等。

当然，“二八法则”只是一个指引，有时会遇到“一九法则”或“三七法则”的情况，没关系，只要记得以这种视角去看待周围的现实，并询问自己哪些小的投入会产生大的产出就好。

将帕累托法则运用于生活

我曾亲身领教过帕累托法则的威力：我的 20% 的活动为我带来了 80% 的工作机会。

回顾各种联络过和做过的工作，我意识到，真正给我带来实质性工作改变的就是做视频。正是基于此，有病人来找我，有公司联系我去做培训和演讲，许多企业家在 YouTube 上看到了我的视频后来与我签约，咨询企业中的相关情况……最重要的是，我感觉做视频让我获得了成长，不论是从自身角度，还是从职业咨询师的角度来看。当时，我一周只做一个视频。我想知道，如果将努力翻倍，一周做两个视频，是不是能获得两倍的机会？我给了自己 6 个月的时间去尝试，结果发现我的想法是对的，于是我决定将目标定得再大一些：一周做三个视频，四个视频……

但这和习惯有什么关系呢？关系就在于，当你不确定要自动化哪些行动为习惯时，可以先看看哪些动作对达成目标最有帮助，然后专注于它们。或者也可以这样问自己：养成并保持哪三四个习惯，能让自己向着目标更大步地前进？

为了对此有更好的认识，我们来做一个简单的练习。

练习2　找到你的20%

蒂姆·费里斯是美国作家，也是时间管理专家，从他那里我学到了以下两个策略性问题：

1. 假设因为意外事件，医生让你一天只能工作两小时，其余时间必须休息，否则健康就会严重受损，那这两个小时你会做什么？又会舍弃哪些事情？

2. 医生又打电话告诉你需要进一步修改工作时间：一星期只

能工作两个小时。你会做什么？又会放弃什么？

和所有极端问题一样，这两个问题也是在逼人做出不得已的选择，但极端化恰恰有助于我们看清行为的性质和价值。

在思考过哪些行动最重要之后，再看看你今天的时间安排得怎么样。

在一张纸上画出两栏：第一栏写上 20% 给你带来大部分收获的动作，第二栏写上 80% 对实现目标无甚助益的动作。

比如：如果你想做更多的视频，可能会意识到最该做的事是多读书，多学习同类型的视频，或者参加培训，围绕想做的选题学习新知识，这些都可以放在 20% 那一栏里；而在 80% 那一栏里，可以放上让你分心的、消耗干正事的精力的动作，或者你知道对于做更多视频起不到什么大作用的动作。这样一来，也许你就会决定把录制部分外包出去，再也不操心技术问题。

必须指出的是，付出的努力和得到的收获并不绝对匹配，“付出越多，收获越多”的规则并不广泛适用，因为我们必须首先了解哪些事最重要，需要关注（20%），能保证我们获得最大收益（80%）。换句话说，我们必须学会如何更有效益而不是更有效率。有时，我们会混淆这两者，甚至以为它们是同义词，但其实这两个词截然不同。

有效率意味着迅速完成所有事，比如秒回所有邮件和消息，哪怕中断手头的工作。虽然被秒回的人很开心，但自己的工作却因此受到影响。回复很有效率当然很好，但对自己的工作而言并没有效益，因为这让你丢失了应该专注的目标。要想有效益，就要盯住目标，不要让注意力因为其他事而分散。

效益胜于效率。

如果决定每天先花 20 分钟创作网络内容，那就要专注于此，不要在手机上查看消息或是邮件。如果分心了，比如回复了一秒都不能等的邮件（有这样的邮件吗？），那就是做了对达到目标没有效益的事。在实际工作中，这会导致创作思路中断，注意力被分散，会让人感觉自己很忙却又什么都完不成，从而丧失满足感。

所以，培养新习惯也意味着要学会专注于 20% 能让我们接近目标的事。一旦明确哪些动作有助于达成目标，下一步就是将它们自动化，换句话说就是，让它们成为生活中自然而然的一部分，尽量减少完成它们所需的努力。

练习3　选择你想首先养成的习惯

至此，我们已知道了哪两个工具可以用来找出值得培养的习惯，接下来终于可以专注于培养第一个习惯了。想一个你想培养或加强的习惯，写在纸上，用作本书的书签。

请客观而现实地进行选择：如果从来没有练习过跑步，就不要给自己定每天跑两小时的目标，请从能做到的开始（比如每周 3 次，每次跑 15 分钟），以后有机会去提高——后续我们会介绍提高的方法。

如何选择首先开始培养的习惯

要谨慎选择第一个习惯，对此我有以下建议：

1. 做“加法”而非“减法”，也就是从养成而非改掉开始，改掉需要放弃，只适合经过训练的人。比如，如果你抽烟，那么我不建议将戒烟作为第一个要养成的习惯。

2. 选一个有形的、直接可见的事件。具体可见非常重要，尤其在一开始，因为它可以让你直观地看到成效，看到习惯培养和保持得怎么样。

3. 可能的话，选一件每天包括周末都可以做的事（比如瑜伽、冥想、健身、跑步、写日记）。

4. 在状态最好时开始（对我来说是早上，没有被无数琐事缠身，也没有突发事件来干扰日程），尽量找一个尚有充沛精力，很少有事让你分心的时段。

5. 从小习惯开始，做几分钟就能完成的事（看书两分钟，锻炼两分钟，等等）。培养新习惯时，要想长期维持而不迅速放弃，就要做力所能及的事，不能让它扰乱你的生活。别想着每天去健身房锻炼两小时，两个月练出八块腹肌。在这个阶段，应专注于养成习惯本身，而不是长期坚持能带来的好处，不管是身体上的好处还是思想上的好处。

记住，今天养成习惯，以后月月年年都能看见好处。

成功倾向

在上文中，我们认识到了情感对改变的重要作用，也知道了不仅要有目标，还要有达成目标的体系；我们关注到了自己的价值取向，以便为人生找到正确的方向，也学会了用帕累托原则来让自己摆脱琐碎，专注于改变。

现在，让我们来看看改变的最后一个重要前提，它体现了习惯在改变中的重要性。

让我们从这个问题切入：要达成人生目标，你认为是运气更重要，还是努力更重要？

面对这样的问题，人们通常会分成截然不同的两派：一派认为运气根本就不重要，不用管它，有志者事竟成；另一派则认为谋事在人，成事在天，不管怎么努力，最后还是天定。

为了正确对待这个问题，我们要引入“绝对成功”和“相对成功”的概念。

所谓绝对成功，就是相较于所有人都成功，在某方面世界第一，无人能及。要走到世界前列需要有许多因素，运气也是其中之一，而且占比不小（当然不全是运气）。如果马克·扎克伯格出生在乌干达而不是美国，那他还会创造出 Facebook 之类改变全世界的东西吗？如果克里斯蒂亚诺·罗纳尔多出生于 1200 年，那他还会成为那个时代的偶像吗？在这些极端假设中，我们总能看到合适的基因、意识、时机及其他无数因素的幸运组合。因此，总体而言，我们可以说成功越耀眼，情况也就越极端、罕见，即所谓的越“幸运”。

成功越耀眼，越需要运气。

另一方面，所谓相对成功就是相比于同类人的成功。比如，有数百万人接受了类似的甚至是一模一样的教育，在同样的地区长大，在某一方面有相同的天赋。然而，仔细观察他们会发现，尽管相似之处很多，他们取得的成就却完全不一样。所以越往局部看，成功就越取决于努力。

也就是说，如果将相似运气的人做比较，那区别就在于习惯和个人所做的选择。

现在我们来想象一个“成功坐标系”（图 1.1），横轴表示时间，纵轴表示初始运气值。在出生之时，每个人的已过时间都是零，也就是都在横轴的零点，但在纵轴上却是随机的某个点——也许你很不幸，初始运气值很低；也许你受命运青睐，初始运气值很高。影响这个变量的是所有人无法客观预见和改变的因素，因为它们不在我们的控制范围之内。

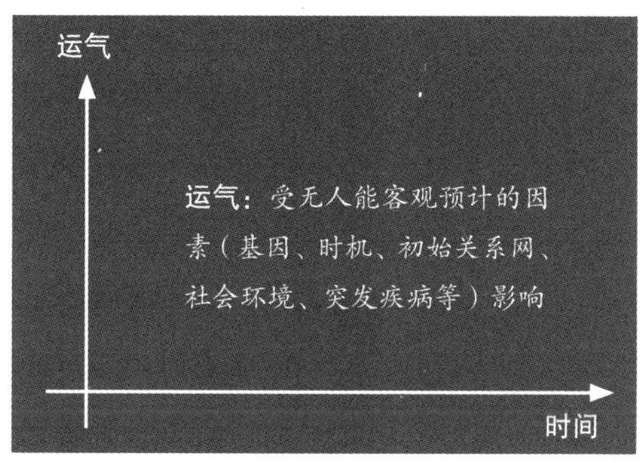

图 1.1　成功坐标系

遗传基因就是一个例子：你可能天生体格强健，也可能有先天性疾病限制了你的机会。出生的时机亦然：出生在发现电之前还是之后，或者互联网出现之前还是之后，抑或出生在集中营时期。另一个随机因素是一开始就拥有的关系网：是无名之辈的儿子，还是泰斗巨擘的儿子，这样成功的潜力就会得到不同的发挥。出生、成长时的社会环境也有作用和影响：14 世纪的欧洲黑死病在 5 年多的时间里杀死了世界近三分之一的人口。所有这些因素都是随机的，但都对我们的人生旅程有重要影响。

不要被无法控制的事情控制。

解决这一问题的关键在于：你虽无法控制出生时位于纵轴的位置，但你可以控制随时间推移所绘制的轨迹，以及因此走向成功的程度，换句话说，你可以规划自己的“成功倾向”。

我们来举例说明。想象一位叫作马克·Z 的先生，他出生于美国，身体健康，家庭富足，出生时恰逢互联网崛起。他的父亲痴迷于计算机，先是自己教他在学校不受重视的编程语言，后来又雇了专业的软件开发者给他上编程私教课。

马克的起点不错，有同一圈子里的人所不具备的各种优势，但他并没有满足于现状。他不断学习、奋斗、努力，牺牲和朋友一起去夜店玩的时间，只为实现自己的伟大梦想——创建一个社交网络。结果才几年时间，这个社交网络就拥有了 5 亿用户。

本就不错的出身再加上勤奋，让成功变得理所当然。马克也很会管理公司，他还在良师益友的建议下收购新公司，成为举世皆知的人物，因为他创造了独一无二的东西。

现在再来想象一个名叫邹阿里·H 的人，他出生于埃及的贫困家庭，但志向远大，很想翻身。因为一系列好机遇，也因为抓住了机会，他年纪轻轻就来到意大利，找了一份洗碗工的工作。他工作很卖力，也保持着很强的好奇心：他想知道披萨师傅是如何工作的，于是主动要求免费帮忙。他还想知道收银员是如何工作的，门店经理到底都干些什么。就这样一步一步地，通过帮助他人，他逐渐丰富了自己在餐饮业的经验和能力。

但他工作的餐馆盈利不足，终于有一天，店主宣布关门大吉。邹阿里说服了一个朋友，两人决定一起申请贷款，把店面买下来，并让餐馆重新开张。

12 个月后，店铺的流水就翻了倍，盈利足够还贷。邹阿里用赚到的第一笔钱报了一个培训班，学习如何优化餐饮营销，并成了一名更出色的经理。

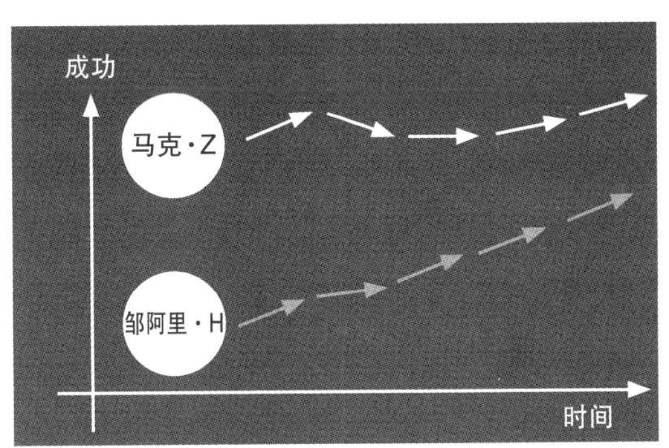

图 1.2　马克 · Z 和邹阿里 · H 的成功倾向

现在，邹阿里拥有 3 家餐馆，有 100 多名雇员，年入 500 多万欧元。

邹阿里的起点与他的同胞们类似，但他获得了成功（相对成功）。造成这种差异的重点，不在于从哪里出发，而在于他做出的一个个决定，随着时间推移，这些决定逐渐塑造了他的生活方式：积极上进，持续学习，善用时间，加强对身边人的信任，等等。

看过以上两个故事，再结合心怀大志的马克和邹阿里每天遇到的诸多挫败，我们可以得出以下公式：

成功 = 运气 +（努力 × 时间）

也就是说，成功由随机因素（运气）决定，而采取的生活方式（根据我们所做的决定和我们自动采取的行为，随着时间的推移而累积的一种复利）会对这种随机因素产生影响。

总之，你现在有多成功并不重要，重要的是今天培养的习惯是引领你走向成功还是覆灭。这就是为什么习惯是如此重要：它一天天地影响、决定着你的人生轨迹和成功倾向——哪怕一次只影响“1%”。这就意味着，我们应该少关注已取得的成果，多关注脚下正在走的人生路，因为成功就取决于此。

少关注现有的成就，多关注正在走的路。

实际上，只要能够通过努力和坚持获得向上的成功倾向，我们也可以追回以前因为时运不济而未得到的成功。长期来看，时间其实是第一要素，它能让努力部分地超越运气带来的优势。

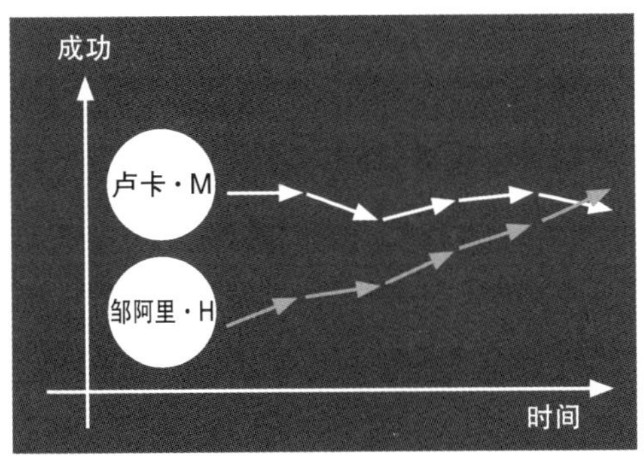

图 1.3　成功倾向

也许就有这样的第三个人，卢卡 · M，他的起点比邹阿里好，但他经过出师不利之后就放弃了——他不再划桨，任由人生之船随波逐流。

长远来看，邹阿里相对卢卡的劣势会被弥补，只要邹阿里一直保持向上的成功倾向就行，而卢卡的优势也消失了，因为他的成功倾向是向下的。

总之，运气也需要大量的努力来浇灌，才能让成功持续下去。

2

以 1% 法则作为心态的中心

心态

想象一下，你正在机场准备登机，马上就要和朋友们去度假，结果地勤告诉你飞机出现机械故障，下一趟航班要等到两天以后。没办法，你只能打道回府。

如果这样的情况发生在你身上，你会怎么应对？你对此有何想法？如果你对自己说："真是倒了大霉，航班居然取消了！"那就是在让大脑关注负面信息：损失了两天假期，酒店已经订好且不能退款，等待让人烦躁，先回家 48 小时之后再来机场很麻烦。可能接下来的两天里，你都会愤愤不平，身边的人很容易让你生气；也许你再次出发时还会带着一肚子怨气，无法全身心享受假期。

不过，就算这事如此让人不快，让人生气，你也可以这样想："还好还好，要是没发现机械故障那该多可怕！"这样，你就会觉得自己只是损失了两天假期，却躲过了一劫。带着这样的想法回家，也许你就会和家人大吃一顿，庆幸还能拥抱他们，再利用等待的 48 小时了结一些工作，或者就好好休息，等到新的出发日，带着享受大海和亲友陪伴的期待，精神抖擞地去机场。

你觉得第一种情况下的假期会过得怎么样？第二种呢？

想象过这两种情况，再试着思考一下，是什么微小的初始因素让两者产生区别，从而有了完全不同的结果？是你的心态，也就是面对生活中各种情况时的精神状态。

控制不了事件，就控制自己对待它们的心态。

我们经常不能充分意识到心态对生活的影响。心态是我们的所信所想，是面对每天所遇之事的态度。其实，在面对某种情况时，你的心态可以从根本上改变你的感知、行为，以及这种情况对你产生的影响，因为生活的 20% 是由发生在我们身上的事组成，80% 是由我们对所发生之事的反应组成：这也影响了改变的过程。

我最重要的心态改变：把自己视为原因

我以前一直不满意现状，总想改变外界：小学时我想有一个和睦的家庭，但父母分居了；初中时我想更讨女孩喜欢，但她们似乎根本注意不到我；高中时我想得到老师的认可，但我感觉他们都很凶；大学毕业后我想立刻开始工作，但找一份工作谈何容易。成为心理医生之后，我拓宽了视野，发现许多人和我一样，都不满足于自己是谁，以及自己所拥有的东西。当我们希望有所改变时，抱怨似乎是最常用的方法。但抱怨就像病毒，不治疗就会扩散，刚开始只是抱怨伴侣，到最后不知不觉就变成了抱怨一切：抱怨找不到工作或工作太多；抱怨世界经济下行；抱怨政府；抱怨天太热或太冷，甚至不热不冷也要抱怨；抱怨邻居太吵，或悄无声息到不知道有人住；抱怨妈妈太唠叨或管太多；抱怨朋友不懂你，或太懂你，总在身边转来转去……

基本上，生活中的一切皆可抱怨。从本质上说，这样做方便而容易，不用花费什么力气，任何人都可以成为受害者，得到安慰、保护和帮助。但要注意，抱怨不能滥用，因为就算完全有理由抱怨，也丝毫不会改变我们的处境。

另一个被过度使用的方法经常和抱怨一起或作为抱怨的替代品出现，那就是将自己的意愿强加于外界，这种态度的基础是一种普遍的观念，即如果某些事情不适合我们，只要改变它们就可以，必要时还可以操纵现实。不喜欢自己的鼻子？去整容。觉得丈夫或老婆有点烦？离婚。情绪低落？吃两片药……这种方法最常见于伴侣不和时，人们会发现自己的每一句话的开头都是“你”：“你从来不做……”“你从来不听……”“你从来不说……”“你从来不尊重……”等等。好像只要把问题的责任都甩给别人，自己就可以万事大吉，奇迹般地获得幸福。如果遇到不顺时总是将自己的意愿强加给外界，并期待外界改变，那最可能的结果就是让生活充满阻力和敌意。

第三种方法我们在面对困难时常用：像鸵鸟一样把头埋进沙子里。鸵鸟这么做是为了寻找食物，而人则是为了假装一切都好，以为不理睬烦恼，烦恼就会奇迹般地消失。许多人压抑自己的需求，避免表达可能会引起的冲突，同时让相关的人都高兴，最终却令自己一直不幸福。

以前，我也总会选择这三种方法之一，直到有一天，供职医院的科室主任对我说：“还想继续工作的话就得离开米兰，这里已经没有你的位置了。”我在那里工作了很长时间，他突然要把我送到千里之外，而且要做的事和我所学、想做、会做的毫无关系。

那一天我明白了，之前用的办法（比如抱怨，比如试图将自己的意愿强加于人，说“主任啊，为什么是我？你让那谁去呗……”之类的话，抑或泯灭自己的理想，接受一个自己不想要的职位）其实都无济于事。事后看来，我很感谢那位主任，正是因为他，我学到了非常重要的一课：想改变别人，先要改变自己（包括自己的心态）。

如果我是个更有经验、更出色、更有能力的心理医生，主任也许就不会让我走了。就算他依然让我走，我也不会感觉那么糟糕，事实上，我可能早就先提离职了。所以，发生那样的事并不是主任的责任，是我自己的责任：我还没成为出类拔萃、谁也不会放弃的心理医生。那天我意识到，我要做的第一个改变就是“把自己视为原因”。我必须改变心态，把自己看作发生在自己身上的事的原因，而不是结果。

想想看，如果你因找不到工作而责怪经济不好，那你就是在把自己当成外部环境影响的承受者，认为自己根本无法改变现状。是的，你摆脱了责任，但也放弃了改变事情的权力。相反，如果你把自己当成原因，意识到没有工作是因为自己，比如在职业上还有提升的空间，那你就能掌控局面，并采取行动，如此一来，自然就会有大门向你打开。当你决定提升能力，让自己更专业时，也就开始走上了改变之路，而这是让自己独一无二的必经之路，并且可能让你在职场上更受欢迎。

这就是我所做的：改变心态。我为进入职场遇到的困难担起了全部责任，停止怪罪社会环境，开始反思自己，更加努力，最终成了专业人士。关键就在于改变。你也应该改变，改变心态，将自己放在生活和决策的中心，因为受限制的不是机会，而是那些看不见机会的人的想法。

心态的影响

我们已经看到心态（也就是我们对现实的看法）能极大地改变感受和行为模式，让人生转向。

面对困境（比如找不到工作），我们可以把自己当成外部环境影响的承受者，放弃所有改变困境的能力，也可以把自己当成原因，从改变自己做起。面对障碍（比如航班取消）时，我们可以愤怒、失望，也可以试着去看“焉知非福”的方面。我可以举出许多这样的例子：你可以因领导的批评而郁闷一整天，也可以把它当成宝贵的反馈，让自己提高和进步；你可以把失败理解成自己不是这块料，也可以从中吸取教训，让自己以后做得更好。

还有更厉害的：着重于培养某些想法会对我们的人生产生更具体的影响，甚至能影响我们的寿命。

大改变始于小想法。

耶鲁大学的研究员贝卡·利维一直致力于研究对衰老的看法如何影响老年人的健康。她发现，将老年与退化、虚弱、不中用相联系的负面刻板印象，会对生命的质量和长度产生具体的负面影响。在一项研究中，她的团队花了 23 年跟踪 660 位中年人。研究人员收集了他们对衰老的看法，并询问他们是否认同“越老越不中用”之类的说法，从而分析他们是否将衰老视为无能、疾病、死亡的同义词。最后的研究结果显示，对衰老持积极态度的人比持消极态度的人平均多活 7.5 年。当然，研究人员也考虑到了可能会影响寿命的其他变量，结果正是对衰老的态度造成了寿命差异。利维更近的一项研究显示，对衰老持积极态度能显著降低失智的风险（甚至能减半）。研究人员在数年间跟踪了 4765 名平均年龄为 72 岁的人，在研究开始之前，这些人中没有人曾表现出失智的症状。结果，携带 E4 型 ApoE 基因（遗传性失智的最大风险因素）的受试者中，对衰老持积极态度的人比持消极态度的人更不容易出现认知下降，其可能性降低了 49.8%。

对衰老的看法是如何影响健康和寿命的？一方面，精神和情绪的状态能影响生理状况，引起中枢神经系统、激素分泌、机体各个器官的生化改变，这早已为人所知；另一方面，对衰老的态度会影响我们的具体选择。持消极态度的人更容易认为病痛无法避免，于是花在维持健康上的时间就更少。相反，持积极态度的人更容易做出促进健康的举动，比如锻炼、体检等，从而维护了健康。利维博士的研究表明，思想能影响人生向好还是向坏，这非常重要，因为在人的一生中，想法会一直变化。

为了更好地理解心态的作用，试着想象一下，你要去一家餐馆，之前去过的朋友对这家餐馆的评价很差：饭菜极其难吃，环境脏乱差，服务员还很没有礼貌，甚至会在结账时多收钱。但你不得不去。到了店里，你的脑子里都是朋友的话，你状态紧张，左顾右盼， 观察情况是不是像朋友说的那样。看到你疑神疑鬼的样子和冷淡的态度，老板和服务员也很难受，对你也就很难友好起来。结果，餐馆里的人因为你的态度而表现出的行为，恰好加强了你的偏见。

不一样的想法会产生不一样的结果。

反过来也一样，假设你的朋友说的都是好话，说那家餐馆棒极了，特别好吃，顾客给的都是五星好评，而且他和老板还是熟人，让你帮他给老板带个好，说不定老板还会给你打个折。你自然会满面笑容、轻松前往，并愉快地和老板、服务员交谈。他们看你这么热情，自然也会对你友好，你提起朋友的问候，他们也开心地给你折扣。在这种情况下，当你走出餐厅时，自然会加强进门时的看法。这两种情况都是所谓的“镜子效应”，即在我们所处的环境中，证实一种先入之见的过程。

说了这么多关于心态的事，重点就是：不一样的想法会导致不一样的行为，于是产生了不一样的结果。也就是说，我们的看法会转化为具体的行动，对事件产生影响。在这样的过程中，我们可以采取主动的姿态，调整心态，学着将情况导向更有利的方向，让自己过上幸福美满、有所成就、与目标相符的人生。

按 1% 法则改变

我们已经清楚了心态的概念，现在可将其用于本书的主题。如果我们想要改变习惯或养成新习惯，就应以 1% 法则作为心态的中心。

一谈到改变，我们通常会随之觉得生活会发生翻天覆地的变化："从明天开始，我要塑身：严格节食！告别精米精面，告别碳水和碳酸饮料，告别酒精，只吃白肉和果蔬，连一片饼干都不吃！周一到周六每天至少跑两小时，周日骑行两小时！"我保证，这样做只会让你瘦成鱼干，并不能强身健体。而且，如果你从来没有锻炼过，从来没有节食过，那这样的改变就太剧烈了，你根本不可能施行下去。原因很简单：我们和所有生物体一样，也趋向于"稳态"，这既包括内在的物理、化学稳态，也包括行为上的稳态。

放到习惯上来说就是，想要实现的改变越大，受到的阻力就越大，因为已经建立的稳态会要维持现状。

所以，要实现并维持改变，就要从小处做起：着重于 1% 法则。

对于 1% 法则的理解多种多样，以下介绍最为有效的三种。

1. 将某项技能提升 1%。

在 2016 年的一次挫败之后，我决定尝试“1% 法则”。当时，我的 YouTube 频道有了起色，一些大公司开始注意到我，希望与我合作。有一天，我得知罗伯特·西奥迪尼会来意大利几天。他是国际知名的心理学家，“说服”方面的专家。我试着通过他的长销书《说服的武器》的意大利出版方与他取得联系，准备采访他。我非常期待与这位对我来说就是神话（我在大学里曾研读过他的著作）的人进行面对面交流。然而，我完全没有意识到自己即将陷入困境：采访他要用英语，而我在学校里一直学的都是法语。结果就是，我把准备好的问题背诵了一遍，而他的回答我也只能听懂 30%。就这样，我完成了采访。

经过这次挫败（就是要时不时遭受失败才能改变），我决定认真学习英语。可惜，我不能搬到美国去住一段时间，于是我决定采用“1% 法则”，每天进步 1%，比如每天学一个新单词。我没有采用和英语老师一起每周上五次课，每次两小时的高强度课程的方式——我无法保持这种节奏。于是，每日一词，百日百词，我所选择的在线课程每天会通过邮件将要学习的词发过来，这些词都是从最重要的单词中选出来的。英语的最基础词汇大概也就一百来个，一旦学会了，就能理解大部分对话。因此，每日“1%”就已经相当不错了。

不能忽视的一点是，尽管 1% 看似很少，但因为是根本，所以要想尽一切办法去保持。还是以每日一词为例，我们需要采取一些策略来帮助记忆，比如：将单词写在便利贴上，然后贴在门上，并且每天更换；在谷歌图片搜索里搜索这个词，通过有利于我们视觉记忆的图片来辅助记忆；尝试在专用笔记本上用每日单词造五个句子；搜索歌词里有这个词的歌曲，给每个每日一词创建一个播放列表；等等。

2. 每天用 1% 的时间学习或提高某种能力。

“1% 法则”还可以是在一天当中抽出实施改进的有效时间（除去吃饭和睡觉的时间）。比如每天抽出 14 分钟的时间，在这 14 分钟里，你可以读几页书（如果你想多读书），跑步或散步（如果想开始锻炼）。在一天中，14 分钟可能显得微不足道，但一年下来就相当于 7 个白天（12 小时）——这可是能读不少书，跑许多公里呢！

每天 14 分钟并不是随便说的，而是来自我之前的经历：我做了一次去除跖疣的手术，皮肤科医生嘱咐我要连续两周每天泡脚 14 分钟。这期间什么都做不了，很无聊，我就利用这段时间来阅读。连续两周每天读书一刻钟，最后，我发现自己竟然读完了两本书。当然不是《战争与和平》《卡拉马佐夫兄弟》那种大部头，但好歹也是两本书，最重要的是，这是一个好的开始。

3. 将某种能力的各个方面都提升 1%，以产生“滚雪球”效应。

大卫·布雷斯福德爵士在训练英国某自行车队时用的就是这种方法。在他的指导下，过去水平一般的队伍四年间三获环法自行车赛冠军。布雷斯福德用小改善来实现大跨越，他将队伍运动表现的各个方面都提升 1%：耐力、速度、体重、营养、睡眠，比赛中的情绪管理，自行车的人体工学设计，甚至队员使用的药膏的效果。他将各方面都提高了 1%，产成了“滚雪球”效应，最终创造了冠军之队。

我在自己身上也验证了“滚雪球”效应。近几年来，因为工作需要，我不得不越来越多地在公共场合发言。虽然我不算胆怯，但也不是天生的演讲家。为了让自己讲话时更放松，我努力将所有如果处理不当就会让我焦虑的因素都提升 1%。我试着把稿子和幻灯片准备得更充分，也注意管理好演讲之前和演讲时的情绪。

为了应对意外状况，我对着朋友练习演讲——这同时也锻炼了肢体语言。我努力在语调、语速、发音、停顿方面都提升 1%。同样，为了提高听众的参与度，我在情绪方面下了更多功夫，以便将好的情绪传递给听众，我也更多练习了——多 1%——如何与听众进行眼神交流。所有这些 1% 加起来，帮我获得了成效，尽管还不完美（好在人类的进步永无止境），但肯定是向好的、令人满意的方向发展。

区别就在于“1%”

不管是好是坏，我们的每一个习惯都是长期以来诸多小选择、小行为、小决定的结果。这是因为，与我们所认为的不同，改变不会一蹴而就，而是逐渐养成的。

我们在生活中的所见所闻往往只是冰山一角，而在水下大得多的部分才是支持冰山存在的根本。当我们在新闻中看到某位球星又以百万的价格被签下，或者某个演员又因某部电影获得百万片酬时，都会认为是他们天赋过人。实际上，天赋只是冰山一角：他们之所以能取得如此成就，是因为天赋背后不懈地努力。

每次与企业家一起工作时我也会有此感受。每种成功背后都有默默坚持，因为其中充满取舍、挫败、艰难的抉择，最重要的是，充满永远坚持的毅力和永不低头的决心。再小的成功也不可能只来自一夜之间的运气，任何百万合约都不只是天赋带来的。

表面风光可以名噪一时，而“1%”是默默坚持，没有激情和热闹。如果你在街上遇见许久未见的朋友，发现他终于减掉了 10 千克的体重，你会认为他非常厉害，就好像这转变是一夜之间发生的。但是，如果你每天都能见到他，而他每天也只减掉 10 克，你就不会注意到他的改变，因为这样的变化并不明显。但正是这 10 克又 10 克的积累才有了最后的 10 千克，形成了为人所见的冰山一角。

所以说，即使不搞得甚嚣尘上，1% 也能让人生大不同。心态聚焦于 1%，成长就不止 1%。

缓慢，但不停止。

1% 法则不仅可用于养成新习惯，也可用于戒掉旧习惯。比如：如果你想不再吃肉，甚至成为素食主义者，就可以逐渐减少肉的摄入量——开始的几个星期先不吃红肉，等身体和头脑都适应了这种变化，再不吃白肉，以此类推，最后逐渐变成完全素食。又或者，你想减少咖啡里的糖，就可以每次少放一点，从一整包逐渐到半包，四分之一包，只撒少许，到最后完全不放糖。还可以加上后面会提到的“反馈法”：把没有加的糖都放到透明罐子里，这样就可以直观地看到身体少吸收了多少“毒素”，多了多少健康，有了直观感受可以大大增加动力，让你在其他饮食中也减少糖的摄入。

不管是养成新习惯还是改掉旧习惯，都要记住，千里之行始于足下。所以，我建议你不要妄想一夜巨变，要专注于“1%”。

练习4 将1%法则用于习惯

想一想你准备养成的习惯（比如练习 3 中所列举的），从上述三个 1% 的角度去考察它。你准备如何实现改变？每天提高 1%？

具体用什么方法？每天拿出 1% 的时间专注于此？想好安排在什么时段了吗？将各个方面都提高 1%？具体有哪些方面？

最后，你可能发现只有一种方式管用，或者三种都管用。无论如何，你不仅要考虑具体情况，还要考虑自己的学习方式。没有什么放之四海而皆准的方法，关键在于找到适合自己的方法。

1% 法则和认知失调

大变革源于小改变的观点，得到了许多经验性证据的支持。我以乔纳森·弗里德曼和斯科特·弗雷泽于 1966 年在加利福尼亚州进行的一项著名的社会心理学实验为例。研究人员拜访了一系列别墅的业主，询问他们是否愿意为改善交通安全做点事，具体就是允许在他们的前院挂一块大（且丑）的牌子，上面写着“请小心驾驶”。结果，只有 17% 的人表示同意，其余大部分都拒绝了。研究人员在另一个社区采用了不同的策略，他们询问业主能不能在自家前院挂一个小牌子，长宽只有十几厘米而已，上面也写着“请小心驾驶”。结果，几乎所有人都同意了，因为这个变化实在很不起眼。但就是这一小步产生了重大影响。事实上，一段时间之后，76% 同意挂小牌子的人都同意在自家前院挂大牌子。

这是怎么回事？要解释这个问题，我们就要用到“认知失调”

这个概念，这是由社会心理学家利昂·费斯廷格于 1957 年提出的。根据这一理论，人类天生倾向于认知协调，即思想、行为、表现相一致。一旦遇到不符合思想和认知体系的刺激，人们就会进入认知失调的状态，并试图修正或减少这种状态，因为认知失调会带来心理不适。然后，个体会通过一系列的相应过程来弥补这种失调。

比如，如果极度憎恨偷盗的人收到的礼物是偷来的，那他就会进入失调状态。要解决这种不协调，他可能会采取两种行动：要么放宽自己对小偷的态度，接受礼物；要么维持自己对小偷的态度，拒绝礼物。

回到挂牌子的实验中，我们可以认为，第一批业主拒绝挂牌是为了保持认知协调，牌子太大会破坏前院的美观，这是他们不喜欢的，所以拒绝了。与此相反，小牌子造成的不协调微不足道，所以大部分人的反应是同意。然而，接受了小牌子也就启动了一种缓慢的转变，让他们对大牌子也没有那么抗拒，后来也就接受了。另外，在这种转变过程中，人们也重新定义了自己。有了小牌子，他们开始觉得自己是有公共意识的公民，当被要求再做相关的事情时，他们就会为了符合新的自我认知而选择接受。

1% 是一小步，不会引起太多的失调，但这 1% 足以让人重新定义自己，为大的改变铺平道路。

让我们来看一个在工作中发生认知失调效应的例子。当企业邀请我去做培训或为管理层演讲时，我发现自己经常要帮助企业家弄清如何改善或提升公司的业绩——有时，由于管理层管理人员的方法不当，企业的效率会低于预期。

以某销售经理为例，他的职责是管理销售队伍，肩负着企业利润最大化的重任。假设他的团队中有一个“摸鱼”的销售，销售经理应该立刻找他谈话，让他立即做出能增加客户的举动：联系老客户，开拓新客户，寄送营销物料，等等——做什么视具体情况而定。但是，销售经理往往都会睁一只眼闭一只眼，对下属的“摸鱼”视而不见，因为纠正下属的行为需要花费力气，而容忍则最简单方便。不过，这种容忍会导致“心累”，也就是造成一种认知失调。为了缓解这种不协调感，销售经理只能无意识地渐渐重新定义自己，以便回到协调状态。比如，他会对自己说“我又不能站在每个人身后紧紧盯着他”“我不可能控制一切”“至少他还能觉得我宽宏大量”，等等。这类想法一再重复，就会让他坦然接受下属的不足，发出这类行为可以容忍的信号。最终，他将不可避免地变成毫无建树的销售经理，公司也会为这未被理会的小小认知失调付出巨大的代价。

一个有能力、会管理、人缘好的销售经理，怎么会做出如此鲁莽的行为呢？这是因为，下属的行为于他而言并不是多么不对，只是稍稍不当而已。如果销售员行为严重不端，比如偷窃公司财物，经理肯定会立刻采取行动，正如青蛙碰到滚烫的水肯定会立刻跳出去一样。经理不知不觉地让自己的管理方式恶化，正如青蛙在逐渐升温（每次升高 1%）的水中被慢慢煮死。要知道，认知失调每天都在起作用，无声地影响着生活的方方面面，从职场到与亲人和朋友的关系。意识到这一点，是让它为我所用的第一步。好消息是，认知失调不仅可以起消极作用，也可以起积极作用。本书基于 1% 的微小良性改变效应，认为每次产生少许的不协调，最终将引导你拥抱而不是抗拒想要的改变。

用 1% 法则保持灵活性

我们已经看到了 1% 法则是如何起作用的，以及它在你的个人成长道路上的变革力量。由此出发，在本书的下一部分，你会学到一种对你有益的把行动转化为习惯的实用方法。

在此，我们要先为在习惯养成中使用 1% 法则提出一个警告：让习惯保持足够的灵活性，以便日后修改优化，这样才不会让这些习惯从个人成长的工具变成行为的枷锁。

事实上，有些人，尤其是具有某种控制型人格特征的人，可能会养成过于僵化的例行公事、毫无弹性的习惯体系，他们也很难根据新的要求和环境摆脱或改变这些习惯。要记住，习惯要能适应现实和个人需求才管用。需求不停变化，习惯也应该能够改变。

如何避免僵化？这里又要用到“1% 法则”。你必须每天想着将行为模式修改 1%，给自己的习惯加入 1% 的新意。

举例来说，有好几项早上的小习惯对我来说都很有用，我会在本书中逐一讨论。它们帮助我达到了重要的目标，将效益最大化。不过在每日重复这些动作时，我一直注意保持少许的变化，比如时不时改变做事的顺序，或是对它们做部分修改，改变几个细节，抑或是试着加入一个全新的元素。只要有 1% 的新意，就可以避免陷入过度僵化的局面。同样，在管理网上通讯，为视频写文案，以及公开演讲时，我都有一些固定的做法，但我也总会为创新性和偶然性保留至少 1% 的空间。有时，这些小改变会以失败告终，但是却能告诉我什么不能做以及为什么不能做；有时改变会很有效果，那我就得以进步。“如果不迷路，又怎么能找到新路？”数学家约翰·利特尔伍德的这句名言传达的正是这一理念。

如果你使用同样的方法，也可以避免系统进入过于僵化的稳态：培养必需的灵活性，并秉持渐进改变的精神，将习惯变成一种良性成长的工具。

第二章

践行 1% 法则的核心

3
解析习惯

习惯回路

我们已经看到，养成新习惯的一个必要前提是找到符合价值取向的人生方向，同时保持聚沙成塔的心态；而另一个必要条件是了解习惯的性质、构成、核心：只有这样，才能知道从何处着手可以强化有益习惯，削弱不利习惯。

许多专家学者都研究过“习惯”，大家都认为习惯的基础必须是满足感，也就是说，要把一种新动作逐渐转变为习惯，实施者就要在做这个动作时感受到愉悦和满足。所有习惯都缺不了满足感，即使是坏习惯，也可能提供一种虚假的满足感，比如吸烟者在点上香烟后，仿佛压力就得到了舒缓。

了解“习惯回路”[①]是解析习惯的关键之一，它由三部分组成：

1. 信号：就像绿灯，让人自然而然地踩油门启动，也可以看作触发动作的引子。

2. 动作：即行动本身，在上例中就是踩油门通过路口的动作。

3. 收益：习惯回路的最后一环，也就是满足感，在上例中就是在绿灯亮时安全通过路口，离目的地越来越近。

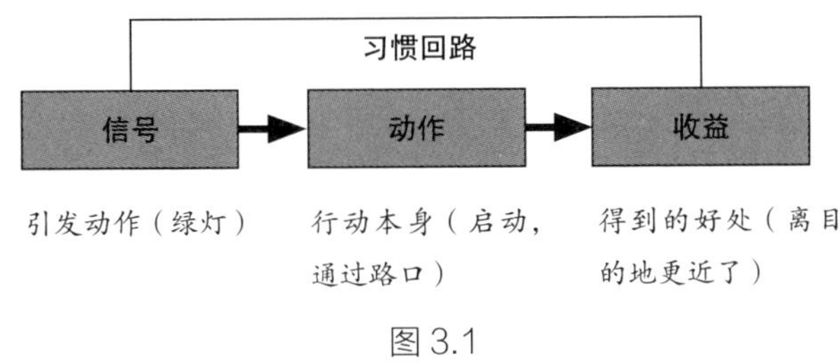

图 3.1

让我们想象一下一个新手司机的行为：在有红绿灯的路口，每次在确定是否可以通过时都要四下张望。后来由于每天重复同样的过路口的动作，一天数次，同样的经验就会内化为他自己的行为。这样，绿灯亮时通过路口就成了不费脑子的事，因为一开始的紧张和专注已经被自然而然的动作取代。但如果有一天，你在按绿灯通过路口时被闯红灯的人撞了，那会发生什么呢？习惯回路会

① 出自都希格的《习惯的力量：为什么我们会这样生活，那样工作》，北京：中信出版社，2017 年。——编者注

被打破，因为做出动作之后并没有得到收益。为了重建因事故而丧失的自动性，你就要从头开始养成习惯：绿灯亮了，环顾周围，没人，做出动作通过路口，驶向目的地。

我们再看一个更能说明习惯回路的例子：电话铃响（信号），接起电话应答（动作），听到好消息或熟悉的声音（收益）。当下次电话铃响起时，因为有了正面的期待，我们会迅速接起电话。但是，如果是电话推销员一周打七次电话极力劝说我购买并不感兴趣的东西，那电话铃响起时我就会对应答产生恐惧，因为又会听到那个不想听的声音（这也是为什么我现在不接陌生电话）。

为了熟悉习惯的构成，你也可试着剖析一下平时最常做的动作，比如：穿鞋，看社交媒体，有压力时吃零食，看电视打发时间。

训练自己识别引发重要动作的信号，识别支撑它们的收益是很重要的。从信号、动作、收益三方面着手就能在很大程度上主动引导动作的自动化，而正是这些自动化的行为决定了我们有意或无意间成为什么样的人。

习惯的“肌肉”

医学在很长时间内都认为 DNA 写好了我们每个人的命运。有些人由此出发，提出习惯也不过是性格的产物而已。

这种理念给不愿改变的人提供了很好的借口：如果天生如此，那又能怎么办呢？

现在我们可以确凿地说，不是性格决定习惯，而是习惯造就性格。

对神经可塑性的研究表明，大脑会根据接收到的外部刺激而改变、生长，以适应刺激。

这方面的研究激动人心，我仅以关于伦敦出租车司机的研究为例。要获得执照，他们就要通过世界上最难的考试之一，内容是根据描述识别在城市中所处的位置，比如：房子的门是黄色的，第三层台阶上有小雕像，这位于哪一个路口？

司机们为了记住整个城市的面貌，要花 2 到 3 年骑着摩托车熟悉各个街区，拍照并记住具体位置。某些研究者[①]研究了这些出租车司机的大脑有什么变化，结果发现，经过的训练越多，大脑中与地理位置记忆相关的区域就越大。

司机一旦退休，不再锻炼这些区域，它们也就开始缩小。

这好比锻炼和肌肉的关系，锻炼肱二头肌，它就会有反应，变得更强大以更好地应对下一次类似的刺激。

停止锻炼，它也就逐渐缩小、变弱。

这和习惯有什么关系？

神经可塑性告诉我们，神经系统会不停改变以适应日常生活

①Maguire E A, Woollett K, Spiers H J (2006), London taxi drivers and bus drivers: A structural MRI and neuropsychological analysis（马奎尔 E A，伍利特 K，斯皮尔斯 H J（2006），《伦敦的出租车及公交车司机：结构性 MRI 及神经心理学分析》），Hippocampus, 16 (12)，1091–1101. doi: 10.1002/hipo.20233.

中的行为。

神经可塑性的核心之一是相关回路的髓鞘质的产生，它是包裹着神经，并加强信号传输的保护层。

随着髓鞘质逐渐形成、增多，特定神经回路中的信号也就有了优势，因为特定神经回路中的信号传输起来相比髓鞘质较少的回路（也就是之前受刺激较少的回路）更容易。

因此，如果重复某一行为（不管是好的还是坏的），神经系统就会做出调整，与之相关的回路中的髓鞘质就会增加，这样习惯就能建立起来。此时再来回顾这一行为，你可能会觉得它改都改不了：生理上的适应如此强大，以至于有碍此行为的一切都受到了一定程度的抑制，相关神经回路被锻炼得也较少。

比如刚开始吸烟时也很难受，但随着身体适应并强化吸烟这一动作，到最后就离不开香烟了。

我们最典型、最常见的行为，正是得到最多锻炼的行为，这也适用于情感：如果在某种情况下习惯于动怒，也没有努力换一种方式去应对，那习惯性的发怒自然就会不断得到加强，成为主要的应对方式。

不改变就等于接受。

要改变，就要训练出另一种行为来取代你想放弃的行为。刚开始会很困难，但随着时间的推移，新的相关神经回路中的髓鞘质增多，事情就会变得更容易。如果不改变，就只能举白旗投降，看着自己的人生一步步地滑向深渊。

此领域的研究激动人心，但也为我们带来三方面的思考。

首先，无意冒犯“鸡血”大师们，但上述过程说明了为什么仅靠一腔热血很难改变根深蒂固的行为。与我们自身的生理结构为敌本身就胜算很小，甚至是不可能。最好是通过每次以 1% 的速度建立且能维持的新习惯来支持改变。

其次，与其过度关注戒除旧习惯，不如想想如何创造新的良性习惯。一旦新习惯培养起来并足够强大，就能逐步替代旧习惯。

最后，要看着镜子告诉自己，再也没有什么借口，因为改变是可以实现的。科学已经证明：一切习惯都可锻炼出，一切行为都可被转变。

从行动到习惯：启动、达成、有益

我们已经看到，长时间不断重复某种动作就能形成习惯。至于到底需要多久，这既取决于动作的复杂性和困难程度，也取决于个体的态度和对行为价值的认可程度。一般来说，对于比较简单的动作，大约三个星期就够了。如果动作本身比较复杂，再考虑到旧习惯和环境的影响，可能需要好几个月。

通常来说，想以上述“习惯回路”将某一行动塑造成习惯，此行动必须具有以下 3 个特征：

1. 容易启动，或者说能相对容易地迈出第一步。比如，我想养成每天阅读半小时的习惯，那么，在我的周围，有没有信号能提醒和推动我？床头柜上有书吗？电视是占据了客厅的一面墙，还是被锁在柜子里？壁柜里摆满了书吗？总之，拿起一本书，翻开第一页，开始阅读，这多简单呀。

2. 可以达成，也就是说要在能做到的范围内。如果此生连一本书都没读过，那从明天起每天阅读半小时的目标是否现实？是不是先从每天阅读几分钟甚至只是几行字开始比较实际？

3. 有益，也就是说要符合志趣。要养成的那种习惯应该能激励我，让我能感受到这种习惯能带来种种益处。所以，认清到底是出于什么动机想要养成新习惯就非常重要，以及这些动机有多强烈、深刻。如果我阅读的目的在于自我激励与成长，那从托尔斯泰的《战争与和平》开始也许就不那么适合，很可能读着读着就失去了兴趣，因为这本书与我的目的关系不大，读不了几行就会放弃了。相反，如果从斯宾塞·约翰逊的《谁动了我的奶酪》开始就不一样了，此书用简单的方式书写了一个引人入胜的故事，传达了清晰的主旨，让人思索对待改变的各种策略。选这本书，我就更有可能会读完，并且会对自己投入时间的方式感到满意。

要想让一种行动转变为习惯，以上 3 点必须都具备，缺少了其中任何一项都会导致改变很难实现。

下文提出的新习惯的养成就是基于这三点，顺序也如上所述。

如果在第一点上做得好，成功地布置好信号以促进习惯养成，通常就可消除 70% ~ 80% 我们采取新行动时的阻碍。

如果组织好信号还是不足以启动习惯养成过程，那就要转向行动本身，将其简化到无法说“不”的地步。比如让自己一天读一行字而不是一天读一篇文章，那就不可能做不到；又比如用牙线清洁一颗牙齿而不是所有的牙齿，也更容易达成；诸如此类。

如果信号及行动简化方面都做得很好了却还是受阻，那就要研究“动机”因素。

习惯 1　我的每日三目标

不久前，我给自己定下这样一条规矩：每日醒来后就在日程表上写下当天的 3 个目标。怎么确定目标呢？我问自己：要做到哪 3 件事才能在一天结束时感到满足？每日设定三目标是我非常想养成的习惯，不是因为据说百万富翁都有这样的习惯，而是因为这会让我始终关注当天的紧要事务，而不会再走进不知该干什么的迷茫。另外，一旦白纸黑字地写了下来，也就不会被成百上千的邮件和电话搞得失去了目标。

开始之后不久，我发现自己很难坚持下去，于是为了利于习惯的培养，我加强了信号：

1. 在手机上设一条提醒，每天早上 8 点提醒我："记得设定每日三目标。"

2. 在电脑上贴一张便利贴，上面写着："今天的三目标是什么？"我一直坐在电脑前，所以很难忽视这一信号。

3. 我会在前一天晚上把日程表摊开摆在电脑键盘上，第二天早上必须拿开日程表才能用电脑，拿起日程表的动作方便了后续写每日三目标的动作。

如果加强了信号还是不能养成习惯，我就会开始简化行动：

1. 在脑中构思每日三目标，而不用写下来。

2. 如果这也做不到，那就每日只想一个最重要的目标，而不是 3 个目标。

这样，一切都变得容易得多：手机上会有提醒，我也会看到便利贴以及日程表，只要再想一个目标就行了。我将其简化到极致，以方便自己日复一日地坚持做下去。

从这一基础出发，我可以随着时间的推进逐步加强，最终养成每日设定三目标的习惯。

在初始阶段，最重要的是坚持重复某一行动并将其融入日常，哪怕这一行动非常简单而微小。

最后，如果经过这一切我依然无法养成每日设定三目标的习惯，那就要更深刻地考察养成这一习惯的动机是什么。

顺便提一句，从那以后我每天都在日程表上写下想达成的三目标。

现在，我们一步步深入研究这些步骤的细节，首先看看在信号方面应该怎么做。

4
设置信号

手环的故事

在引入“信号”的概念之前，我想先讲述一下红黄手环的故事。上次我采访传奇人物菲利普·津巴多[①]时，看到他手腕上戴着一只色彩鲜艳的手环。采访结束之后，我问起他戴彩色手环的原因，他直接把手环拿下来送给了我。手环上写着：“I am an everyday hero every day.”（每天我都是日常的英雄。）这很好地表达了这位美国心理学家近些年来遵循的理念。

① 20世纪60年代末开始，美国心理学家菲利普·津巴多就致力于证明监狱等机构内部的不端及暴力行为并非仅仅出于囚犯和看守的人格缺陷。他证明了环境特征对人的行为有重大作用。

他的意思是，不需要成为甘地才能当英雄，在每日的日常小事中就可以成为英雄。比如：帮助有困难的路人，帮邻居看孩子，在紧急情况下挺身而出而不是不闻不问。戴着他的手环，秉持这样的理念，我后来意识到自己做出了更多“英雄”的行为，哪怕很微小。因此，这个手环成了引起内心理念（津巴多的理念）的信号，并导致了不同于以往的行为。

受到津巴多手环一事的启发，我印制了更多的手环给自己和我最亲密的伙伴，上面写着当时最重要的格言。这样，我每次看自己的手时就会被提醒按某种特定模式行动的重要性。[①]

信号

我们已经看到，当我们在改变行为、养成习惯方面遇到困难时，我们会本能地关注动机，并思考如何增强动机。然而，这并不管用，尤其从长远角度来看，因为动机往往并不是我们能直接控制的。

因此，我建议先从信号开始考察行为的构成。要做到这一点，首先要观察我们所处的环境，并采取行动让其中能有信号——比

① 当时我做了 3 只手环。第一只印着：“想要更多就变成更多。”这句话提醒我们要不断提高自己，在做人做事方面日日成长，才能达成越来越大的目标，除此之外别无他法。第二只印着：“在有限的时间内做到最好。”一天这样提醒自己几次非常有用，因为我的生活事务繁杂，有时太过仓促，导致事情做得不好。第三只手环让我每天都更有勇气：“就那样决定吧！”

如响铃和开关——来提醒或敦促我们去做出想完成的动作。

与习惯挂钩的信号可以有很多。我建议选择那些简单而直接的信号，从创造一个推动我们养成习惯的环境开始。也就是说，我建议你将空间（不管是家里还是办公室）布置成更有可能使你做出目标行为的样子。

环境有双重作用，一方面能参与习惯养成的过程，另一方面也可以引发动作。正因为如此，我们必须借助它，提醒我们去做想要完成的动作。

布置出有利于达成目标的环境。

以下是一些关于借助环境的建议：

◎为要完成的动作制造视觉提示（便利贴、屏保、贴纸、小玩意等）；

◎佩戴提示手环或腕带；

◎将当天的目标写在手上；

…………

同时，把所需物品放在方便拿取、容易看见的地方也有利于习惯的养成：想养成早上跑步的习惯，就把所需的“装备”（跑鞋、运动衣、袜子、心率计等）都摆在床边；想把每日目标写在日志里，就把日志本放在床头柜上；想记在电脑上的话，头天晚上就打开一个空文档，这样，第二天一打开屏幕就能看见。

物理环境很重要，与周围人的关系环境也同样重要。在布置好空间之后，还要注意你身边的人，并更多地与能支持你的人来往，远离那些妨碍你、让你灰心，甚至让你觉得自己永远无法成功的人。

不要与不相信你的人为伍。

与我们来往的人可以成为激活我们情绪和感受的信号，这对我们实现目标有利或有弊。我并不是想说你必须要将阻碍你的人完全从生活中摒除，但你可以学着如何更好地去处理。尤其在起步阶段，你必须要仔细想清楚什么对你有用，以便尽全力维持住你想巩固的那种脆弱行为。

6种信号类型

信号主要有 6 种类型：

1. 时间。提醒做某事的第一信号就是时间，比如到晚上就开灯。

2. 地点。到了某个地方就做某事，比如：到了办公室就打卡，进了酒吧就点一杯啤酒。

3. 事件或预先动作。某件事结束之后就立刻开始另一件事，比如吃完晚饭就收拾桌子，刷完牙就用漱口水。

4. 心情。行为由心情决定，比如：压力大就抽烟，紧张就咬指甲，安心就对周围人友善，很无聊就马上拿起手机（大部分坏习惯都是由情感信号引起的）。

5. 周围的人。他人的行为也可以引发我们的某些动作，比如朋友点了一支烟，我们马上也会点一支；别人咳嗽，我很快也会咳嗽（大学时我在图书馆度过了许多时间，让我印象深刻的事情之一是一旦有人咳嗽，很快也会有别人跟着咳嗽。我一直没搞懂为什么，但这种不自主肯定与周围人的所作所为有关）。

6. 视野中的物体。物体会引发动作，比如：手机放在写字台上，就算没有通知，我也会把目光投向显示屏，看看有没有新消息（我们每天平均要查看手机 150 次①）；在餐馆门口看到消毒液就更容易想到要洗手。

“热信号”和“冷信号”

信号可分为“冷信号”和“热信号”两大类，二者各有对某些行为的推动作用，不过“热信号”比“冷信号”更迅速、更强大。难以戒除的习惯往往被“热信号”包围，所以才很难改掉。

“热信号”的突出特征是能直接引发某一动作，比如“点击这里”或者社交媒体上的点赞按钮，而“冷信号”则把动作推迟

① KPCB 公司，《2013 年互联网趋势报告》，[2013]，出自 www.kpcb.com。

到之后的某一刻。手机收到消息是“热信号”，因为滑动即可阅读——在收到信息的那一刻你就可以完成动作（读消息）。

“冷信号”则是，比如，你在开车时看到了皇宫摄影展广告，这时你无法立刻行动，但你会努力记住信息（日期、地点、事情），之后（比如晚上回到家里）才能在网上买票。

现在试着想一想你所有难以摒弃的习惯，你会发现，它们大部分都由“热信号”引发。

手机以及主导我们日常生活的各种新科技也许是最明显的“热信号”例子。设备本身就是让人沉迷的信号，提醒我们只要点击一下就能看到朋友发布的内容，或者可以看一看自己最新的一张照片获得了多少“赞”。一旦进入社交网络，我们便会被“行动召唤”包围，它们鼓动我们分享、评论、关注，立即做出简单的行为。就这样，不知不觉几个小时就过去了，让人迷失在社交网络的“混合现实”[①]当中。神奇的是，如果让你回想前天在社交媒体上看了什么，你很可能根本想不起来，因为在这种环境中，我们是被鼓动着不假思索地采取行动，也就是不自觉地行动。

手机的这种令人害怕的原理也可以被拿出来加以控制，用来帮助我们“不假思索地执行”那些我们认为对个人发展重要的动作。

在生活中，我们一直被各种信号包围，它们影响着我们的行

①interrealt à，出自里瓦的《社交网络》（博洛尼亚：Il Mulino 出版社，2010 年）。“混合现实”通过信息交换融合了网络世界和现实世界，让人可以用不同于过去的全新方式控制、修改社会经验和社会身份，其危险和机遇通常被低估了。

动和心情，不管愿不愿意，我们都得面对。在办公室摆结婚照就是一种信号，会让人想起快乐而积极的情感。走进酒吧听到一首歌想起已逝者，这个信号难免会唤起我们内心的悲伤，从而使我们更加自我封闭，不愿与他人多说话，或者让人感到自己与环境格格不入。

周围的一些信号很容易操纵，我们要将其组织起来，激发有用的行为，阻止其他行为。吃饭时把手机放在桌上是一种“热信号”，不利于我们与同桌人交流。你可以把手机放在衣服口袋里，或者放在另一个房间，甚至关掉手机铃声来减弱这一信号。

同样的原理也适用于鼓励或阻止他人——比如商店的顾客或我们的孩子。如果我的大儿子在客厅的桌子上找到了 iPad，就会问我能不能玩。但如果他发现的是彩色铅笔和白纸，很可能就会画起画来。当然，实际情况不会如此简单，但正如我们将在后文看到的，生活空间的组织方式能决定行为，其程度远远超出我们的想象。

在此过程中，我们设置的信号越多，将某种行动转变为习惯的可能性就越大。

至此，你最需要做的是思考如何让环境被信号（尽量是“热信号”）围绕，以方便并鼓励你完成特定的重要动作；或者反过来说，如何隐藏激发想戒除的行为的信号。为此，你可以做一做以下的练习。

练习5　设置信号

想一想你正在努力养成的习惯，环境里可以布置哪些“热信号”来提醒你开始做出相应的动作？便利贴？其他视觉提示？手机闹钟？特意摆放好的相关物品？

记住，已经养成的习惯也可以作为信号，可以“关联”想要养成的新习惯。你可通过下面的练习逐渐熟悉此方法。以下表为例，把一页纸分成两部分，左栏写下一天中不经意间就自动做出的行为，尽量写最常做的行为，过几分钟在右栏写上你想要获得的行为（目前要简单、实际、不费力），包括想要养成的习惯。

表4.1

每天不用思考就做到的事	想要获得的行为
刷牙	表达感激之情
穿鞋	冥想一分钟
开窗	做十个俯卧撑
喂猫	
坐在桌边吃饭	
……	

现在，从第一列中选择一个已经自动化的行为与一个想获得的行为关联，形式为：

在……（现有的习惯）之前/之后，……（想获得的行为）。

比如：在刷牙之后，使用牙线。在坐在桌边吃饭之前，冥想一分钟。

借助信号所养成的习惯

表达感激之情

在生活中，对心理健康影响最大的习惯之一就是表达感激之情。惯于看到负面事物的人（其实所有人出于保护自我的本能都会这样做）会只关注负面事物，而把生活中所有积极的事物放在次要位置，不以为意。

养成对拥有的东西表达感激之情的习惯，会给我们带来巨大的益处，还能帮助我们改善心情，让我们感觉更幸福。埃蒙斯和麦卡洛格在 2003 年进行的一项研究表明，简单的感恩练习能大大提高实验对象的幸福感。在该项研究中，一组参与者被要求在 10 周内每周写下 5 件令他们感激的事，而对照组则每周只列出 5 件事即可。研究结束时，第一组比第二组的幸福感高出 25%。马丁·塞利格曼的研究团队在 2005 年也得出了类似的结果。一组受试者被要求进行简单的感恩练习，在对受试者进行了为期 6 个月的追踪之后，发现这些受试者比没有进行感恩练习的对照组更幸福，抑郁程度也更低。

可见，我们有充足的理由去感恩（我最早的视频之一就是关于这个），那么，如何才能让感恩成为一种习惯呢?

习惯 2　我的感恩

我的老猫贺拉斯以前每天至少要吃三顿，只要饿了就会跑到我面前喵喵叫，跟我要吃的。基本上，我每天都会给它开三个罐头，这是我每天都要做的动作，想都不用想。于是，我决定把“开罐头”这类习惯性的动作和不熟悉的新思维习惯联系起来：开罐头时想想一天中发生在我身上的让我感激的事情。

它可以是难以置信的意外收获，比如有了新的工作或者意料之外的某个人的称赞，也可以是令人愉快的小事情，比如一缕阳光洒在脸上，或者夜深人静能让我专注地思考。

增强意识

越来越多的心理学家都在谈论“正念”，这种练习能帮助人重新与身边的环境建立联系，并以非批判的态度更完整、更有意识地生活，着眼于当下。

正念的核心是无论做什么（不管是洗澡、和朋友聚会，还是品尝巧克力、洗碗），都要把思想集中于此时此地之事。与周围的环境建立关联，意味着利用我们的感官充分体验每一次经历，避免同时做其他事情或分心想着过去或未来。

正念

现代的“正念”含义源于佛教的一个概念。	正念现在已被纳入各种心理治疗实践……但它首先是一种生活方式。

图 4.1

人们通常会花很多时间想着过去或未来，进行日常活动的同时思绪却游荡在别处。

最近的研究表明，“心智游移”与不幸福有关。“游移的心是不幸福的心”。[①]

实际上：

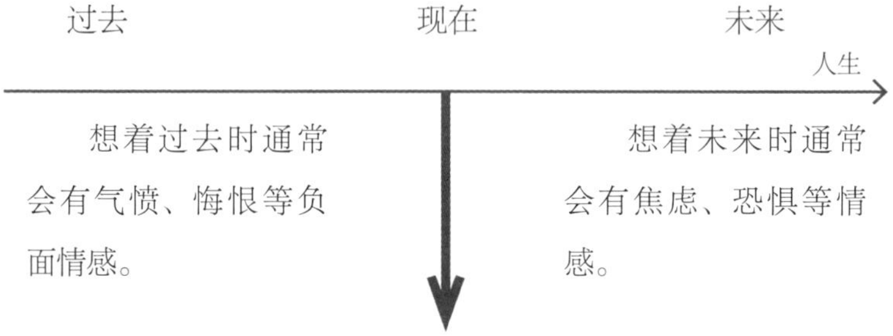

过去　　　　现在　　　　未来

人生

想着过去时通常会有气愤、悔恨等负面情感。

想着未来时通常会有焦虑、恐惧等情感。

正念是有意识地活在当下，这意味着主动持好奇、开放、不批判的态度，全神贯注于此时此刻之事。

图 4.2

①基林斯沃斯、吉尔伯特，《游移的心是不幸福的心》，《科学》杂志（*Science*），2010（330）：932。

觉悟者每天与众不同的 10 件事：

1. 冥想。

不冥想也能保持正念，但研究都认为，冥想是提高正念的最有效手段。

2. 将日常事务转变为专注时刻。

正念可在日常生活中锻炼，只需将注意力全部集中于喝茶、洗澡等日常活动。

3. 吐纳。

将注意力集中在呼吸上，不想未来也不想过去，心就会静下来。

4. 一次只做一件事。

避免一直多任务的“注意力分散”状态，专注于所做之事，从而做到真正地活在当下。

5. 选择一个时间不看手机。

有意识地在某些时候（如与亲朋好友相聚时）不看手机，不以查看电子邮件开始或结束一天。

6. 用心选择食物。

用心选择食物，用心吃饭，关注食物的味道和口感，而不是边做其他事边随便吃吃。

7. 接受情感。

接受积极和消极的情绪、愉快和不愉快的念头会像海浪一样来来去去。

8. 不论老幼皆可玩耍。

沉浸在玩耍中，完全投入此时此地。

9. 在户外散步。

在安静的露天环境里散步，让大脑进入“不自主地专注”状态，这种状态结合了关注和思考。

10. 不要太当真。

避免被强烈情绪左右，遇到问题时保持幽默感，毕竟问题每天都会出现。

有意识地生活不仅对情感和心理方面有各种益处，而且对身体健康也有好处，因为它能增强免疫系统。那么要从哪里开始呢？

习惯 3　增强意识

在这方面，我是这样迈出第一步的：每次进厨房前，都扶着门框站几秒，试着重新看看里面有什么。

在那一刻，我重新感受到脚下的地面，通过手的触感感受门框木头的质感（光滑或粗糙，冰冷或温暖……），欣赏房间里的光线，感受进入肺部的空气。

做好了走向增强意识的微小但重要的第一步后，我想到了实践这一理念的其他方法——1% 法则[①]。比如，我在晚上睡觉前增

①想深化这一习惯的人，请参阅释一行禅师的《不思量的艺术》（意大利语译本，米兰：Garzanti 出版社，2010 年），此书给了我很多这方面的启发。

加了一个正念练习，这个练习只需要花几分钟来重新与当下建立联系——我称之为“三种声音练习”，即试着辨别环境中的一系列声响：楼外三种（夜晚清洗街道的声音，风的沙沙声，电车站的杂音），楼内三种（猫的呼噜声，衣柜的嘎吱声，电梯上下的声音），体内三种（心跳声，肚子的咕咕声，呼吸声）。

当你也能找到空闲做无须太多时间和精力的简短练习时，你可能就会逐步实践起来，最终就能做到两次真正的冥想——早晚各一次，每次 15 分钟。

运动的好处

当今社会，我们坐着的时间越来越长，这对身体很不好。在此，我们暂不详细讨论“久坐的副作用”这个话题，我相信大家都很容易理解通过更多的运动来锻炼肌肉的重要性。不仅如此，运动还对心理健康和精神状态有着惊人的影响。研究表明，运动是改善心情、减轻压力，以及减少焦虑和抑郁的有力工具。例如，综合 39 项独立研究、涉及 2000 多名受试者的分析从科学上表明，运动能适度缓解抑郁。当然，运动并不能治愈抑郁，但会对缓解病情有所帮助。同样，运动也能减少忧虑。阿尔斯基及同事在 2011 年进行的一项研究也表明，运动有助于预防老年失智，也可减少中年时期的各种认知问题并提高记忆力。

在认知表现方面，运动可以改善“工作记忆”并巩固长期记忆。“工作记忆”负责临时存储和初步处理输入大脑的信息，这意味着那时大脑中的所有内容以及对其的操作都由工作记忆负责。有研究表明，锻炼30分钟之后，工作记忆会得到改善。在长期记忆方面，最近的研究表明低强度运动可有效提高长期保存信息的能力。

我很喜欢的美国幸福心理学家、科普作家凯利·麦戈尼格尔在其《动起来的快乐》一书中总结了运动对心理的所有益处，并指出经常运动的人比久坐不动的人更快乐，对生活更满意，目标感更强，能体会到更多的感恩之情、爱和希望，与群体的联系更紧密，更乐观，更勇敢。

很不错吧！那么，不管是进行一项运动还是只是多走路，怎样才能养成多运动的习惯呢?

习惯4　多多运动

我在本书的最后一章会详细讲述自己养成运动习惯的过程。在这里就先简单介绍一下，刚开始，我在自问“我的1%可以是什么”之后，是如何利用“信号”在生活中融入更多运动的。

我住在五楼，于是想到通过设置信号来帮助自己少乘电梯，多走楼梯。我最初的方式也符合信号设置的练习：每次按电梯按钮时，都提醒自己可以走楼梯。

刚开始，我这样做只是为了走路下楼，这不太费力，对我来说也能做到。很快，每天走下五楼就成了和孩子们一起玩的游戏。另外，让身体动起来，哪怕只是走几层楼梯，也能释放内啡肽，让我心情愉快，有足够“电量”迎接新的一天。走五层楼梯当然不能解决所有记忆力、幸福感、久坐不动的相关问题，但如果你想找到办法，向着多运动迈出微小但重要的一步，那么这个习惯就很好，以后随着时间推移，你可以逐步加强这个习惯。

习惯 5　给孩子的价值和教育

我有三个孩子，从他们身上我认识到教育是一个复杂的过程，涉及诸多因素，在此无法详述。

培养孩子的“理想”方案中言传极为重要，包括传授给他们规则和价值观，经常重复一些话以及注意说这些话时的语气（身教当然比言传更直接，但言传也是要考虑的因素之一，因为将所作所为说出来、说清楚也很有用）。因此，我想了三件希望他们一生永远不要忘记的事，并日复一日地向他们重复。

我的做法是，每天晚上读完睡前故事之后准备关灯时（信号），告诉他们一遍爸爸的三条规则：

规则 1：不管做什么事都要努力做好。

规则 2：如果遇到困难但又真的喜欢，那就不要放弃。

规则 3：记住爸爸永远爱你们。

重复了几次之后，我很开心地看到他们也开始思考要给爸爸立什么规则。有时候，贾科莫就会在我的规则之后说出他的规则：

规则 1：我说讨厌你的时候，其实不是真的讨厌你。

规则 2：我爱你。

记住你终有一死

许多人认为人生苦短，而塞内卡则认为不是生命太短，而是我们浪费了太多时间。如果能很好地利用时间，生命的长度足够我们做出伟大而美好的事情。

我发现自己非常认同塞内卡的思想，于是长期以来一直想要养成好习惯，以便充分利用每一天的时间——我们许多人都希望如此。想象一下，如果每天起床时，你的银行账户里都有 86400 欧元，当一天结束，到午夜时分，所有的钱都会消失，不管有没有花掉。到了第二天，账户里又有了 86400 欧元。你会怎么用这些钱？

每天都有 86400 秒存入你的生命账户，当一天结束就会被清空，第二天你又会重新获得 86400 秒。如果是金钱，我们绝不会浪费，但我们却肆意挥霍时间。这是为什么呢？

就因为时间是免费的。免费的东西我们就会不当回事，尽管时间其实无价。古语有云：“Memento mori”（记住你终有一死）。大多数人都会认同死亡是令人不悦、需要避免的话题，现今的文化甚至将其视为禁忌，视而不见，闭口不谈，但知死也就能知生，这能帮助我们更清醒、更好地使用时间。

古代圣贤和权贵家中会装饰有让人联想到“Memento mori”的图案，或将其文在身上，刻在项链坠上或专门的戒指上。总之，他们也使用信号来将想法引向想要的特定方向。

我们也可以向他们学习。我总是随身携带一枚写着“Memento mori”的硬币。每当在口袋里翻到这枚硬币时，我就会意识到自己有“到期日”，必须尽可能不浪费生命。我不认为经常思考死亡有什么问题，恰恰相反，不思考死亡才是愚钝。

我非常感激这个习惯，因为它让我看到真正紧要之事，帮助我把时间看作一种馈赠。我赞同塞内卡的观点：不是我们的生命太短，而是我们中的许多人让它变得太短。所有人每天都有 24 小时，而我随身携带的硬币帮我以最佳方式度过这 24 小时，因为它是一个信号，引人思考，从而使我更好地面对日常生活。（许多人问在我哪里可以找到这样的硬币，但其实有一个不花一分钱的办法：拿一张便利贴写上“Memento mori”，贴在钱包上。）

找到你的信号

上文举的例子仅供参考，在我的信号和价值取向组成的系统中对我管用的东西，不一定对你也管用。

我建议你分析一下自己目前的常规日程，思考一下你的一天是如何安排的，以便建立一个对你真正有效的系统。

如果你有喝咖啡的习惯，那用勺子搅拌糖时就可以冥想一分钟。如果在家里你是早上整理床铺的那个人，就可以趁此机会练习表达感激之情。如果你不爱动，会花很多时间在电视机前，那么就可以在节目插播广告时做几下卷腹。

曾有一段时间，我一醒来就想要赶紧拿起放在床头柜上的手机。后来，我学会了将触发我消极行为的信号（想打开手机并查看邮件）作为激发我想规律完成某件事的信号：想想早上要做的重要事情。所以，每次醒来想看手机时，我便告诉自己："想完今日要务之后才能看。"结果是想完之后往往就不会在手机上浪费时间了，而是做起别的事情。

日常生活中充满各种信号，如果利用得当，可助我们完成关键动作，实现我们想要的成果。

但要注意：我们在环境中设置的信号，引发的不应是任意一个行动，而应是简单到无法不做的行动。我将在下一章中解释其具体含义。

理念即信号

我越深入研究习惯，越发现信号是一种强大的杠杆，不仅能推动我们做出关键行动，还能提醒我们注意一些对成长、幸福、快乐有用的理念。

任何行为都以理念为基础。有些理念能让我们做出正确的行为，而有些理念则会让我们展现出最糟糕的一面。

也许一个人抽很多烟，就是因为他觉得这样做在朋友眼中“很酷”。但是如果他改变了自己的理念，觉得身材好、有肌肉才最让人喜欢，那么他自然就会每周去三次健身房。

总之，理念一直影响着我们的所作所为，从而影响着我们一生将获得的成果。

我们都有最喜欢的餐厅、最钟情的食物，但很少有人会去想自己最认同的思想家是谁，能够点燃我们、激励我们的理念又有哪些。

过去几年中我经常思考这个问题，并制作了一系列形状不同、大小各异的“视觉提示”（比如“Memento mori”硬币），使其每天多次让我想到永远不想忘的理念，因为这些理念对我的生活和工作都很珍贵。

这些“视觉提示”包括：

◎佩戴有鼓励话语的手环。我在本章开头就已经提到过，我和同事都佩戴上面印有鼓励话语（会不断更新）的手环，帮助我们每天提醒自己成为更好的人、更好的从业者。它很好地替代了文身，二者功能类似，但手环的好处是看烦了就可以很方便地从手腕上取下来，然后换一个更管用的。

◎在墙上写标语。在装修办公室时，我让人在墙上写了一些提醒自己和同事的标语，这些标语是团队所有人都信奉的理念，它们不仅让工作空间变得独一无二，还提醒我们为什么要做所做之事，增强了所有人的归属感。另一种更柔和的方式是悬挂标语或海报，这样就不用给刷墙师傅制造麻烦了。标语和海报可以从网上购买，也可以找喜欢的画师定制——我们就曾多次采用这种方式。

◎充分利用书。把最能启发你的书页撕下来，放在每天都能看到的地方：用磁铁贴在冰箱上，折起来放在钱包里，挂在办公室里……

还可以把撕下的书页送给你认为会从中受益的人。此外，一些书页还可以转换成图片，为电脑和手机屏幕做优化，从而更好地融入我们的日常生活。

至此，首先你要问自己哪些理念对你有益，然后想办法将其呈现在周围的环境中：印在早餐杯上？写在定制钢笔上？印在 T 恤衫上还是就写在便利贴上？……

和以往一样，我依然无法告诉你哪样最适合你，但我鼓励你多尝试、多使用信号工具，看看你是否能从中受益，以及如何受益。

填补的习惯

在第 79 页的练习 5 中，我请你把每天自动做出的动作写在表中，并将它们作为信号，与想养成的新行为关联。

但我想你的一天和我的一天一样，也会有一些碎片时间，也就是没有什么特定的事要做的时间。它本质上是事务与事务之间的时间，比如开会和面试之间的时间，或是买完东西排队等结账的时间。

这时，借助所谓的“填补的习惯”，就能把碎片时间激活，使其作为引发重要行为的信号。

举例来说：堵车时，你可以听有声书，获得以前不知道的新信息，那么你无所事事、烦躁骂街的时间就被用来增长知识了；如果你在出租车或地铁上，与其浪费时间看社交媒体，不如给妈妈或你爱的人打个电话，陪伴他们几分钟，或者读一本书；等等。

要开始养成填补的习惯，我建议你先观察自己一天 24 小时里的碎片时间。拿一张纸，连续 7 天记录下你无事可做或感觉是在浪费时间的时刻，然后把想养成的习惯变成“迷你”版本。比如，你想养成冥想的习惯，又发现你每周有两段 10 分钟的碎片时间，那正好用短暂的冥想来填补这段时间。

总之，填补的习惯能助推你的成长，让你把拥有的时间充分利用起来。但要注意，不要过度使用填补的习惯。事实上，碎片时间也有它的作用，因为它们迫使我们置身当下，教会我们如何身处无聊之中（无聊正是创造的动力之一）。因此，要明智地利用填补的习惯。

5 简单到无法拒绝

如何简化行动

研究了信号之后，我们就可以开始研究行动本身了，这是习惯回路的第二步。信号其实只是提醒我们要做什么，但如果不行动，那信号也就失去了意义。理想的情况下，行动最好比思考更容易。要做的事情越费力，完成的可能性就越低。

做应该比想更容易。

具体地说，我们要学会让行动简单、不费力到我们无法说“不”

的程度。

此理念最初由心理学家 B.J. 福格提出。他指出，行为以及习惯都有其特性，每个人都可以了解并加以利用。

想象一下，我们有两根火柴：一根和市面上的一样大小，另一根却大如树枝。如果我们想点燃火柴，就要给火柴一些能量，才能让硫黄产生火焰。第一根火柴不需要费多大力气就能燃烧起来。但如果是必须点燃更大的那根火柴，这种情况所需的启动能量要大得多。我们很可能因为太费力而最终放弃，主观认为无法将其点燃。但如果我们想当一回“百战天龙”[①]，就可以改变策略，采用巧妙的方法：先花很少的力气点燃小火柴，然后耐心而小心地保持住火焰，使其逐渐强大而稳定；最后，就可以用这火焰点燃大火柴，产生更大、更强的火焰。

这一操作背后的逻辑，就是我们将新的动作转变为习惯时要用的逻辑。

一开始不应去点大火柴，而应获得并保持一个闪亮的小火种。同理，我们也不应一上来就妄想每天跑 45 分钟，而应从每天做 5 分钟热身开始。

在养成新习惯的过程中，我们必须开始围绕 1% 法则进行思考。也就是说，我们必须想办法点燃小火柴。这是因为每种

① MacGyver，美剧《百战天龙》的主人公。原剧中，百战天龙不喜用枪，却能用一把瑞士刀等东西解决各种事件。——编者注

行动或动作都需要一定的启动能量：做一次俯卧撑肯定要比做一百次容易。由此可以推断，习惯越大，养成它所需的能量就越多。因此，要养成习惯就要从小处开始努力，因为它们所需的意志力较小。

积小流以成江河。

不管你想养成什么习惯，都要问一问自己如何才能让动作更简单。以下 6 点是对于简化行动的一些提示，它们同样是由福格提出的。请对照思考一下，看看它们是否适用以及该如何运用于你的情况。

1. 缩短时间

时间是我们拥有的最宝贵的资源。常言道，“时间就是金钱”，但其实时间比金钱更宝贵。金钱可以累积、增加，时间却不行，你无法阻止它的流逝，也无法将其暂停或变多。另外，我们的头脑在面对耗时的任务时会犯懒、气馁，想要拖延，总会找出各种理由不去做。举例来说：如果让我打扫整个家，我就做不到，但如果只是清理书桌，那我就能完成任务；如果运动目标是跑 60 分钟，那我甚至都不想去，但是，如果只是做 10 分钟的伸展运动或跑步 1 分钟，那么我就会努力完成，因为这两种情况都只需要花费很少的时间。

总之，如果要让一种行动“简单到不能说不”，那就努力将迈出第一步所需的时间减到最少。

时间短，购买快

大型电商的发展方向就是简化网上购物步骤，让购买尽可能快捷。研究过浏览体验的程序员和开发者都很清楚，如果用户要执行的操作太过费时，那他往往就会离开页面，从而放弃购买产品。亚马逊的“一键购买”让用户可以通过极少的步骤，在极短时间内完成购物，杰夫·贝索斯的成功也有目共睹。再想想你在网飞（Netflix）上追剧时的情景：一集结束后，下一集就会自动开始，一个不注意，你就会整夜无眠地一直看下去。

如果你想简化自己的行动，那就试着让它能更快完成，这样就更容易达成目标。用牙线清洁所有牙齿很麻烦，但只清洁一颗的话就很容易做到；一天写三个目标比只写一个要花更多时间；给正在写的小说添几行字比提笔就想写一整章要容易得多。反过来说，如果你想戒掉某种行为，就要确保它要花费更长的时间：如果香烟摆在桌子上，就可以马上拿起来抽；如果把它放在柜子里，抽烟就需要花更多的力气。

想想看吧，为什么晚点火车的退票申请要排队 30 分钟？放弃申请会更容易吧！

2. 降低成本

虽然不如时间那么重要，但不可否认的是，如今人们非常看重成本的问题，这也会影响习惯的养成。如果想养成的行为需要付出很高的成本代价，这就会对我们的行动造成很大的障碍。因此要尽可能让成本的因素对自己有利。

比如：你想改变饮食习惯，只吃有机肉类和蔬菜。很快，你就会遇到价格太高的问题，这可能会妨碍你改变饮食习惯或者让你难以坚持。这种情况下，为了部分地克服成本高的问题，不让它阻碍新习惯的养成，你可以考虑通过团购（团购之所以便宜，是因为量大，因此卖家就能降低单价）来节省费用。促销是利用价格来推动购买的典型例子。一些商户通过分期付款或“尝鲜特价”来避免成本过高劝退购买者，还有的商户则是通过先提价再打折来推动购买。比如，网飞的商业模式就是以极低的会员价格（每月 8 欧元）提供海量的影视剧、纪录片、动画片等。市场营销中用来说服购买的另一种策略是提供赠品。在我自己的机构中，如果客户要预约咨询，马上就会看到每小时的费用，但同时也会被告知会附送价值远超咨询费的免费视频课程。

和其他因素一样，成本也可以用来“劝退”某些行为。如果一颗子弹要价 5000 美元，那世界上将会有多少人免于一死？如果公司规定迟到 15 分钟以上的人必须付 10 欧元，那会减少多少迟到现象？

因此，不管是想简化以便利某种行为，还是复杂化以阻止某种行为，都要记住成本是很重要的因素，并问问自己是否能对其加以利用，以及如何利用。

3. 减少体力消耗

只要是曾经尝试过坚持运动的人（也就是我们每个人），几乎都遭遇过这种难题。

如上文所述，如果养成一种新行为需要付出很大的努力，那就很难坚持下去。如果早上醒来就想到要去健身房练两个小时的举重、跑步、卷腹，很可能就会气馁，并马上放弃。相反，如果想着去健身房享受桑拿和水浴按摩，那就更有可能会去，一旦到了那里，就会想来都来了，在跑步机上跑半个小时吧。想着轻松的事（桑拿和水浴按摩）就能做出目标动作：出门去健身房。当你这样没有负担地来到健身房，被健身的人围绕时，就更容易开始练肌肉。在养成每天做一个卷腹的习惯后，增加到两个就会容易得多，然后再逐渐增加到三个、五个、十个、二十个。

注意，我并不是说努力和牺牲不重要，不需要培养这种精神，而是说想要实现目标，积少成多会更好，这样能避免半途而废。

如果你想养成的行为，或你想让他人养成的行为需要付出体力，那就请想一想该如何利用这一点。相反，如果你想远离某种行为，那也可以想办法让它更费力。比如，我注意到，工厂为防止工人打开危险机器，避免工伤事故，把盖板做得非常重就是一种办法——费很大劲才能打开的门可能救了许多人的命。

4. 减少心理压力

当要采取的新行为带来的心理压力很小时，这对于我们就是促进因素。如果带来的心理压力很大，就会是一种障碍因素。

例如，当我们开始一项新任务时，会进入一种困惑、迷茫的状态，会有“从哪里开始？”“需要多长时间完成？”“怎么做？”等疑问，这都会带来很大的心理压力，以至于会影响到最终是否要进行这项活动。

再举一个具体而日常的例子。把儿童座椅安到车座上可能不费吹灰之力，也可能无比折磨人，这取决于座椅的设计。如果在选购座椅时看到安装步骤非常简单，那我们就会更倾向于购买它，因为完成这个动作带来的心理压力微不足道。

因此，要执行某种动作，就要减少随之而来的心理压力。在这方面，我个人有一种很有帮助的策略：为了每天能完成那些对我很重要但忙起来就无暇顾及的事情，我日复一日地坚持遵循日程清单。比如每天早上一起床，就花一小时的时间做这些事：包括5分钟冥想，20分钟运动，20分钟写作，15分钟阅读。这种日程清单起到了促进作用，省去了我每天早上思考做什么、从何开始的压力，让我能简单地专注于要完成的行动。

5. 有社会认可度

当我们要做的事不太被所处的社会认可时，就会更难做到。

相反，如果所做之事被广泛接受或者认可，那做起来就比较容易。我的一个病人想骑自行车去上班，但又不好意思，怕别人觉得奇怪。当他发现别的同事也骑自行车上班时，就养成了骑车上班的习惯。

如果你觉得某种行为不被周围人认可，就想一想可以做些什么来减少这种社会压力。相反，如果想戒除某种行为，则可试着增加这种社会压力。举个实际的例子：几年前，美国的一些州都进行了很积极的反对吸烟运动，因为在公寓内吸烟是被禁止的，吸烟者不得不到大街上去抽，但在那里，他们又会因为烟瘾而受到路人的侧目和鄙夷。

长远来看，你觉得在这样的环境中吸烟者会多吸还是少吸呢？

6. 依靠日常行为

养成全新的习惯比发展已有习惯困难得多，发展已有习惯，只要集中精力加强就可以了。回想第一次制作并发布视频的情形，那对我来说真的是付出了巨大的努力。我对这个过程完全不熟悉，心中有一万个问号，但一旦越过这种心理障碍，熟悉了这种行为，情况就彻底被扭转了。路走得很顺，我可以不再被“做视频”这件事困扰，而是专注于制作更多视频。刚开始我一个月发一个视频，后来一周发一个，现在每天 14 点我都会发布一个新视频。

如果是完全没有接触过的事，那又得采取不一样的策略。

比如，学着表达感激对于我来说就是完全陌生的行为。为了更容易做到，我将其与日常行为（喂我的猫贺拉斯）相关联。

要想让一种新动作成为习惯，将其与日常行为相连就是让它变容易的策略之一：我用钥匙开办公室的门时就会想如何夸同事，为错失良机而懊恼时就想“塞翁失马焉知非福”……前文中的“设置信号”练习可以为你提供指导，让你开始这方面的尝试。

最佳时刻

在一天中的不同时刻做事，效率是不同的。事实上，我们在某些时间段（比如早上）会更清醒、更有精力、充满活力，在这些时段进行某种行为可能也会容易得多。而在临睡前或一天的工作快结束时进行相同的行为就会更加困难、更费力。

以前我还以心理治疗为主业时，每个月都要整理发票。这项工作对我来说真是乏味又麻烦，于是我将其作为早上的第一件事来做，这样我就会更清醒也能更快地干完；如果是放到经过一天的劳累我已经没什么精力的晚上做，就会需要多得多的意志力，甚至可能完不成。你也可以把创造性的活动放在一天的开始做，于我而言就是为新视频写文案，这需要注意力高度集中，如果不是完全清醒就很难有进展。

选错时间不仅会影响结果，还会影响信心。有时候，做某件事有困难会让人以为自己不能胜任，其实只是没选对时间而已。因此，如果你想借助这个原则来激励某种行动，就尽量选择精力充沛而不是筋疲力尽的时候去做。

练习6　简化和复杂化

回想一下你想养成的行为，并对照 6 项简化因素进行分析，以便全面了解你的优势和劣势各在哪里。有什么是可简化的？如何简化？然后再想一个你想戒除的行为，想想看该如何让其更难完成。有什么是需要复杂化的？这一次，还是对照以上六因素来阻碍行动，让它更费劲，并最终“劝退”这种行动。

每天做一条视频

假设你想养成每天做一条视频的习惯，以便在网上创建关于你和你的业务的内容，抓住潜在的客户。

如果这对于你来说会带来很重的心理负担，但是成本在你这儿不是问题，那么按照简化的 6 个因素，你可以雇人来剪辑视频，或者请人来家里布置场地，而你自己只管坐下来侃侃而谈即可。

也许现在阻碍你开始录制的是你不好意思在视频中露脸（社会认可问题）。一旦认识到这一点，你就可以制定帮助自己克服障碍的策略。比如：我刚开始录制视频时先不露脸，只是以图片配声音；之后我开始采访嘉宾，这样就可以熟悉镜头，学着控制焦虑感，但只是让其他人在视频中露脸，讲述内容；直到最后，我才决定自己出镜，但只是转述他人的内容（比如做书评、讲述我崇敬的心理学家提出的理论等）。有一段时间，我只拍摄视频但不发表，仅将其作为面对镜头的个人反馈和训练，或者只在 24 小时之后内容就自动销毁的平台发一些小短片，这样就能短暂露脸了。这些行动的帮助很大。最后，我终于可以鼓起勇气直面镜头，说出我的想法。

在我的视频账号下有了 1000 多条视频之后，拍摄所思所为对我来说已经成为家常便饭。没有什么窍门和技巧，唯手熟，熟能生巧。

习惯 6 马科的“每天一条视频”

让我们来看看马科是用什么方法来实现“每天一条视频”的——你会发现，他的做法符合上文所述的 6 个简化因素。

马科每天早上 6 点起床，然后去跑步。跑步的时候他会想一个视频中要讨论的主题，并试图按照要与观众分享的三个最突出的要点的逻辑来进行拆分。淋浴之后，他会进到家里的一个房间，这个房间的一部分已被布置成拍摄场地，所有设备都已准备好。这样，他就不用每次都调灯光，将音频和视频接入电脑，只需坐在书桌前，将摄像机设置为录制模式，然后讲话就可以了。他每次最多讲 20 分钟，然后就剪辑视频并将其上传到社交媒体，这一部分最多花 40 分钟。之后，他把一整天的时间都用于自己的其他工作和生活。通过这样的安排，马科完成了一项任务，并且他知道这不会占用他超过 60 分钟的时间（时间因素）。他以零花费（成本因素）完成所有的事情，没有消耗很多体力，也没有多少心理压力（场地和设备都已准备就绪，只需按下录制按钮）。另外，他还将新行为与日常之事（跑步、冲澡）关联起来。马科将想要达成的行为与自己的强项匹配，从而形成了一种习惯。

将改变最小化

让事情简单到无法拒绝，意味着你必须从小处做起，从小事、小习惯、小改变开始。突然改变的想法行不通，更准确地说，也许头两天还行得通，但最终它会难以为继。1% 法则强调“渐变”的心态：一步一个脚印，持续向前，你就能达成目标。如果寄希望于撞大运或者奇迹，让你某天早上醒来时像换了个人，那你就不太可能会达成自己的目标。

动机和天赋是有益的因素，但并不是决定性因素，真正起决定作用的，是实现目标的恒心和毅力。

重要的不是现在是什么，而是以后可能成为什么。

比如，你想健身塑形，那就试着从 1 个而不是 100 个卷腹开始。

随着时间的推移，你完成了 100 个卷腹。保持住你逐渐养成的习惯，正是因为这个过程是渐进的，你就不会感到太累。如果你第一天做 1 个卷腹，第二天就要做 40 个，那么这项运动就不可持续，你很容易就会放弃。我们必须学会尊重自身的新陈代谢，每个人都不一样，不必强求。真正重要的是规律性地维持，不管是坚持每天做一个卷腹还是读一行书，重要的是你去做了、去读了。

维持习惯的另一个关键是“舒适地继续”。如果所需的努力大到让你感到疲惫，那就选择放弃，让事情回到无须巨大努力就能做到的水平。尤其在初始阶段，维持比上强度更重要。我们必须要保持住的是已点燃的小火苗，因为这是日后形成熊熊大火的基础。

下面这个例子可以帮助你更好地理解何为“将改变最小化”。几年前，家政大师玛拉·西利做了一个实验，实验展示了如何在 5 分钟内打扫整个房间。她说，定个 5 分钟的闹铃，然后打扫房子的一部分，直到闹铃响起就可以了。这个实验告诉我们，如果躺在沙发上，看着一片狼藉的家，那么我们面对的任务就太艰巨了，以至于我们会灰心害怕，编造出 1000 个借口不从沙发上站起来：有一封邮件要发，要给有坐骨神经痛的姨妈打个电话，等等。但是，如果给自己设定的任务仅仅是花 5 分钟整理书桌，那这个目标不费吹灰之力就能实现，所以我们就会去做。很容易就做到的事实往往让人很有成就感，并激励我们继续做下去。于是，我们开始洗碗、吸尘。总之，一旦“破冰”，通过减少所需的努力，你会发现这并不是完不成的任务。关键是将改变“最小化”，减少到那核心的 1%，这样才能大而化小，各个击破。

事实上，改变中最难的部分是迈出第一步。在上述例子中，最难的就是从沙发上起身去整理书桌。“5 分钟”打扫不完整个屋子就打扫不完，但至少书桌会变整洁，下次再用 5 分钟做别的即可。

与之类似的“5 分钟行动”，还有 5 分钟每日冥想、运动、放松、拉伸等等。

总之，养成新习惯的关键在于将其简化到不能拒绝。然后，迈出第一步。大多数时候，我们之所以拖延是因为害怕做不到，尽管我们知道迟早都要去做。如此一来，我们最后就会陷入到不满和沮丧的情绪之中。好好想一想，如果你设置好了信号，将所需努力减到了最小，这肯定比只依靠动机更容易达成目标。所以，加油吧，现在就开始培养新习惯，并记住：小的动作只需要小的意志力。

练习7 “简短版”习惯

如何把想养成的习惯变成 1 分钟的“简短版”？试着想想怎么缩短时间，这样的话不想或不能做到“该做”的版本时，也可以做一个“简短版”。比如，今天不想跑半个小时，那就可以花 1 分钟绕着楼跑一圈（走也行），或者花 5 分钟绕街区一圈。

习惯 7　60 秒协调一个团队

知道团队成员在做什么，有哪些进展，正在致力于哪些事情，这对我来说至关重要。但由于性格原因，了解这些对我来说很费劲，尤其是在创业初期。此外，让某些重要信息在团队内部流动起来，也是不浪费时间和精力、实现协作的有效方法。于是，仿照“5 分钟扫全屋”，我也制定了一种用最少的精力掌握员工日常工作情况的方法。

我最初的尝试并不令人满意：我要求员工通过书面汇报的形式更新各任务的进展，说明“待办事项”及为何如此。当然，这些原本都是对的、有效的做法，但如果遇上天生缺乏条理或懒惰的员工，就不会奏效。

于是我修改了策略，第一步就是鼓励员工执行简单到无法拒绝的动作。每天，“马祖切利团队”的成员都会发一段 60 秒的音频到工作群里，该音频分为 3 部分，每部分大约 20 秒。

第一个 20 秒讲述每个人前一天已做的重要事情，第二个 20 秒讲述当天要做的重要事情，最后 20 秒讲述可能会遇到的阻碍以及团队如何提供帮助。通过这种方式，群里的人每天只需花几分钟就可以了解其他人主要在做什么，并向小组表明自己打算做什么，同时我也可以在一天结束时检查目标是否达成（这也是我的出发点）。

作为团队负责人，为了提醒大家早上做这件事，我会第一个发语音，表示有一个简单到无法说不的动作要完成。

培养出这个习惯后，实施汇报及考核制度就容易多了。

零无效日

我有一位记者朋友，她一直认为自己永远不可能去跑步——我不是说马拉松，而是每天就跑 30 分钟那种。她坚信自己做不到，所以连试都不想试。

后来我和她说了“1% 法则”，告诉她要改变一种行为，养成一种新习惯（对她来说就是跑步），最重要的是开始执行某种行动，哪怕它很微小，哪怕只有 3 分钟。她做出了尝试：最开始跑 5 分钟，然后 7 分钟，再然后 15 分钟、20 分钟，直到 40 分钟。她跑得很慢，用她自己的话说就是像蜗牛一样，但她尊重自身的代谢，不在意表现，只想着每天（几乎每天）按自己的节奏去跑。她不在乎那些嘲笑她 1 公里要跑 9 分钟的人，也不关心那些说 1 公里要在 6 分钟内跑完的人，她只专注于养成新的行为并保持下去，同时不让所需的努力大到无法承受。

一旦你开始执行某种行动，要将其转化为习惯，最重要的是长期保持下去，以后再想着上强度。其实，一旦养成习惯，增加强度就会容易得多。

当你习惯了每天读一页书之后，读两页、三页，直到读到你为自己设定的目标——10 页，都不会太难。关键就在于你要有“小步渐进”的心态。我们绝不应该陷入“要么全有，要么全无”的贪婪，因为这会误导我们，让我们无法行动起来。

如果我的朋友听信了别人说的以她的速度根本不值得一跑，那她永远也跑不起来。但是，现在她跑起来了，虽然缓慢但正在跑着，这对她来说才是最重要的。

当你想要养成某种新习惯时，要牢记“零无效日”的概念，也就是说要避免某一天对想养成的习惯没有任何投入的情况的发生，因为在习惯养成的过程中，有总比没有好。这样做的目的是保持你目标行为的持久性。你的任务是保护已经点燃的小火苗，因为如果它熄灭了，重新点燃并从头来过会更加复杂、费劲。

总而言之：想一想你希望养成的习惯，按本章的指导让它变得更容易地开始，并克服时不时出现的不情愿。此外，通过这种方式，你还能通过日日重复（让动作自动化的另一个关键）获得优势。一旦简化好了动作，就要保证环境中有尽可能多的信号（尽量是热信号）促使你立刻去行动。

花点时间思考一下如何优化这两项基本要素（动作简化和信号），一旦完成，我们就可以进入下一节的主题：动机。

在“大战役”中获胜的奥秘

大家可能都玩过或看别人玩过桌游“大战役”。

要想在该游戏中获胜，正确的策略是将所有的小坦克集中在一个国家或地区，然后由此步步为营地推进，直到征服整个大陆。而拥有一片大陆会有额外的奖励（比如征服了大洋洲，每个回合就能获得两辆坦克），这些奖励可用于征服其他领土。

错误的战略则是分散兵力，将坦克部署到不同的国家和地区：10 辆在南美，10 辆在俄罗斯，10 辆在非洲，等等。这样一来，各条战线力量都很薄弱。而将兵力集中于一处，在那里就能立于不败之地。

这种“集中火力”的原则正是我们在培养习惯和行为时所需要的。我们要有所选择，注意想养成的各个习惯之间的竞争和冲突。如果你一天给自己定 10 个目标，那你一定很难实现所有目标，因为每一个目标都需要一定的精力，也会不可避免地减少你能用于另一个目标的精力。

选择你的战斗。

这有点像种玫瑰花。优秀的园丁都知道，为了保持植株的美丽和健康，必须修剪疏花，因为花蕾很重，植株无法在花蕾太多时还保持健康、挺拔。同样，我们也必须冷酷无情地修剪自己定下的目标，对于习惯也是如此。

因此，给想要养成的习惯列一个清单，并按优先级对它们进行排序就非常重要。比如：从今天起开始培养这个习惯，用三周将动作自动化，然后转到下一个习惯。

6
动机

强化动机

正如前文所提到的，我不太愿意相信“鸡血大师”，他们通常以“外在动机”为出发点，这种动机能提供一时的“电量”激励人向前，但从长远来看是不够的。

最强大的激励来自“内在动机”，它在每个人的生活中起着决定作用，通常也是我们决定努力工作和奋斗的原因。比如，超重的人决定减肥并不是为了取悦别人（伴侣、朋友、社会），而是完全为了自己：重拾自尊，保持身体健康，变得更喜欢自己。又比如，一些人梦想在纽约马拉松比赛中越过韦拉札诺海峡大桥，被两边热情的粉丝夹道欢迎，那么他们可能就会以此为目标每天训练，也许就是从跑步 5 分钟开始。

为自己而改变，而不是为他人而改变。

那么，如何才能培养内在动机，使其得到强化并能长期维持呢？在本节中，我会介绍一些方法，但最重要、最关键的是你赋予自己所做之事的意义。

说得具体一点：如果有人问你愿意为了多少钱自杀，你可能会回答多少钱都不值得去冒生命危险。然而，全世界每天都有成千上万的人为了很少的钱不惜牺牲生命。在战争地区，士兵的收入实在有限，他们选择战斗显然有非常明确的原因和意义，比如保卫祖国。再举个不雅但对我来说很有现实意义的例子：给孩子换尿布一点也不好玩，但为人父母却非常有意义，于是换尿布也就变成了习以为常的事。

所以在我看来，在实现目标的过程中，我们所做之事的意义（也就是我们所说的内在驱动力）比外在动机（外部的推动力）更有分量。

如果很难找到所做之事的意义该怎么办？之前几章中关于价值取向的问题肯定能帮你想清楚（我很快会再聊到这个我认为非常重要的点）。此外，以下两个问题或许可以指引你在这方面的思考：

1. 你所做之事只对自己有用还是对周围的人也有用?

找到所做之事意义的一个非常有效的方法就是问问自己，正在采取的行为是如何帮到他人的。比如，你的工作只是在别人面前堆起如山的文件，还是帮他们选择也许有一天能救命的最佳保险？对于前一种情况，行为的动机是“利己”，而在后一种情况中，行为的动机则是“利他”。总之只要能在工作中找到使命感，将其与大局结合，找到更高级的目标，帮助他人，就不会轻易地失去动力。相反，如果找不到工作或行为的意义，就很难让自己有动力继续下去。

2. 如何让其“成为你”？

桌用方便蛋糕（加点水在烤箱里烤一下就行）和自制蛋糕（需要时间、精力、技术）你会选哪个？大多数人会选后者，尽管前者方便快捷。为什么会这样？因为自制蛋糕要亲身参与，会让人觉得自己做出了贡献，这些都是让我们感到有动力的原因。总之，如果想要保持动力，不妨在所做之事中加一点个人特征，让它带有你的个人色彩。

在习惯养成过程中找到意义也能保证一定的成功概率。如果依赖于外在动机而不是自己赋予的意义，那要取得我们想要的结果就会困难得多（也不是不可能，但肯定更复杂、更费劲）。相反，无论你想实现什么目标，不管是跑马拉松还是写一本书，或者只是爬一座山，只要目标对你有意义，保持充足的动力就容易得多。

让我们来看看能够强化动机的三个因素：

1. 第一个因素在于“感受”：要做出的行为会导致愉悦还是痛苦？

2. 第二个因素在于“预期”：这一行为会给予我们希望还是让我们畏惧？

3. 第三个因素在于“归属感”：做了这件事之后会感觉更被社会接纳还是排斥？

也就是说，想增强实施某一行动的动机，就要让此行为更令人愉快，让它能激发我们对未来的信心和希望，并让我们感觉更被周围的环境所接受。

比如，如果我想激励自己去跑步，那跑步就应该让我感觉良好，让我对未来充满期待并觉得被周围人接纳。实际上我可以这么做：

◎感受：穿最舒适、最专业的衣服，一边听最喜欢的音乐一边跑步，等等。我有一次开始跑步时，弄错了播放列表，戴上耳机才发现是罗米娜的歌声。我承认那天我没完成——我还是比较喜欢瓦斯科·罗西、《洛奇》原声带等音乐，伴着罗米娜的歌跑步不适合我。

◎预期：在一张纸上写下我会从跑步中得到的益处（心脏和肌肉更发达，体形更紧致，心理更健康，精力更充沛，等等），这有助于强化预期。我还可以结交其他因跑步而有了更好生活的人，阅读相关书籍，加入跑步论坛或群组，切实看到组员取得的成果。还可以想象如果我每天都跑步，生活将会发生怎样的变化。

◎归属感：加入相信跑步有益，知道要锻炼身体的“跑友群”。或者加入社交网络上的运动分享群，跑步爱好者会在那里分享经验和感受。通过这些正在做我想做之事的“老手”，来强化自己“做得对”、不是个“怪咖”等想法，简而言之，就是要感觉到自己属于某一群体。

练习8　激励自己做出想养成的习惯动作

在一张纸上写下如何让想养成的习惯更加令人愉快，如何增强预期从而增强与之相关的希望和信心，以及如何增强相关的归属感。

动机三角

如之前所述，培养新的正面习惯的三要素（信号、简化、动机）也可用于戒除消极甚至有害的行为。

我们以吸烟为例，详细看看如何通过动机，尤其是感受、预期、归属感来戒烟。当然，光靠这些不够，但它们至少可以让吸烟这个动作没那么吸引人。

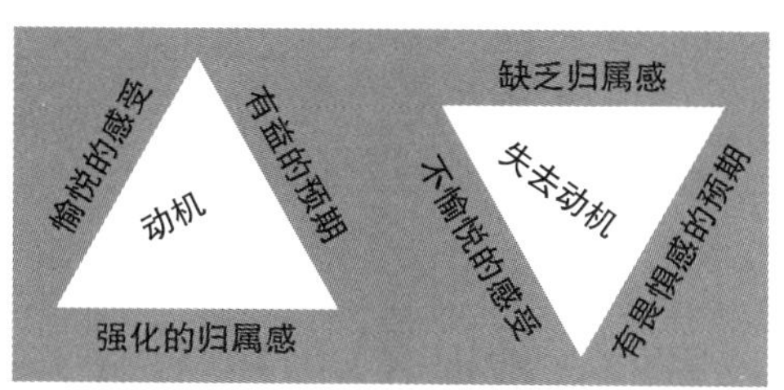

图6.1　动机三角

1. 在感受方面，我们可以买自己不喜欢的香烟品牌，不在室内而只在冷飕飕的阳台上抽烟（这又会让我把自己包得严严实实，甚至还要撑伞），或者与自己约定每点一支烟就要折断一支烟。

2. 在预期方面，可以通过以下行为来引起对吸烟的恐惧：和肺癌患者见面，观看吸烟有害健康的纪录片，仔细想想不戒烟的话会有什么后果。也可以反过来提升对戒烟的积极预期，比如阅读艾伦·卡尔的《这本书能让你戒烟》（我非常感激这位作者，几年前读了他的书之后，我彻底戒了烟——尽管读他的书纯粹是出于好奇，并非下决心要改变习惯），他的办法在很大程度上也是围绕这一策略。

3. 最后，在归属感（即社会认可度）方面，可以结交更多不吸烟的人，最好是坚定的健康派。想象一下我们拿出烟时，他们责备的眼神。

综上所述，要鼓励或戒除某行为，可通过行为引起的感受、预期以及所属群体的接纳程度来加强或削弱动机。

现在试着将这些办法运用于你自己的具体情况，看看哪种最有效。

外在动机：另外三种提升动力的杠杆

当我们要做之事既不太容易也不太困难时，我们的动机会达到顶峰。对此，我还想再提供三种工具来研究。

比如：如果必须和卡斯帕罗夫下棋，我很快就会失去动力，因为我没有任何成功的机会。而如果我要和 6 岁的儿子下棋，那棋局的难度又会太低，我同样会很快失去继续玩下去的动力，除非是为了享受和儿子共度的时光。就下棋而言，最理想的情况是对手的能力与我旗鼓相当，或者对方略胜一筹，足以激励我发挥出比我习惯的更多的潜能。在这种具有挑战的情况下，我们会感觉自己进入了“心流”状态——心理学家米哈里·契克森米哈赖对此已经研究了很久，这是一种全身心投入的状态。在此状态中，我们不会觉得累，不会分心，只会全力以赴。

让人们发挥出全部，进入“心流”状态的有三种情况，它们对应于三种提升动力的杠杆，你可以自己尝试一下，看看哪种最适合你：

1. 五五开。类似下棋时对手和你都有50%的获胜概率，这种“棋逢对手”的状况可以激励你投入，发挥出自己最好的一面。

2. 多 25%。这一概念来自金融界。如果你一年能赚 10 万欧元，那就可以鼓励自己下一年赚 12.5 万欧元，而 20 万欧元的目标可能就难以企及了，反而会降低你的动力。因此，如果想让目标具有激励作用，就要在制定目标时想想什么是能让你更上一层楼，但同时能够实现的目标。

3. 80% 规则。即在某一行为中最多投入 80% 的精力，而不是 100%。投入 100% 会耗尽所有精力，也就打断了行为，因为一直全部投入是不可持续的。因此，为了保持动力，请保留珍贵的 20% 的精力。

你不愿意做的行为

做不喜欢的事情是个难题，要想把这些事情培养成习惯可是一项艰巨的任务。比如，如果不喜欢，就很难坚持学习、打扫、洗碗。当我们不愿意做某事时，有三种方案：

◎交给别人做；

◎改变习惯；

◎让习惯更刺激。

我们从最简单的“交给别人做”开始。如果我实在不喜欢打扫卫生，就可以雇一个保洁来帮我打扫；如果我记账记到想死，就请助理帮我记账。有时，我们“请”的可以不是人，而是软件和技术：

如果我们做不到每天坐在书桌前读半小时的书，那就可以买有声书。当然，不是所有事情都可以请别人来做：如果我想跑步健身，不可能出 1 小时 15 欧元的价格让邻居代我跑。这时，我们可以改变习惯。如果你不喜欢在公园跑步，欣赏不了大自然的美景，只是觉得肌肉疼，那就可以考虑换一项运动，比如打篮球。这样就可以和队友为伴，尽情玩耍的同时运动量也不少，而且不会感到疲劳；比赛结束时，你也燃烧了大量的卡路里，达到健身塑形的最初目的。如果不能换成更开心又有同样效果的事情，那就使用第三种方法，这就需要你动动脑筋了，包括回答这个问题：如何通过不同的做法让此事更令人兴奋、更刺激、更动人？举个实际的例子：如果你觉得为了考试而学某项内容很枯燥，那如何才能让它更具挑战性？准备高难度考试时，我发现和朋友一起学习能激发出我的动力，他们的陪伴能让我振奋；或者采用新的学习方法，比如思维导图、记忆技巧、类比或可视化。现在，大家可以借助视频来学习“难啃”的内容，或者用网络搜索看看那些概念在日常生活中是如何使用的。约翰·彼得·斯隆是这方面的大师，这位笑星第一次在意大利创建了“欢乐学英语”的方法，这种方法创新而有效。通过他的播客、视频、书籍来学英语会感觉时间过得飞快，而他的解释在课后几天仍会在你的脑海里盘旋。在他英年早逝之前几年，我有幸采访过他，在采访中，他清楚地表示，采取这种办法就是因为注意到学生面对新科目时又懒惰又厌倦。

人都想要欢笑、开心。如果可以将这种开心的体验与艰难的任务结合，那何乐而不为呢？

做不到时如何保持动力

在进入下一章之前，我想就动机再说几句，尤其是一些心态方面的建议，它们可以帮助你保持动力，不至于因为偶尔做不到就彻底放弃。

现实中，你总会有做不到的时候，或者因为意外而无法实践习惯。面对这些情况，如果没有充分的心理准备，就有可能满盘皆输，使你放弃美好的愿望。

也许你严格控制饮食已经有几个星期了，但在周六去参加了一个聚会，吃了一块蛋糕，于是你就对自己说："算了吧，我没成功。这不适合我，还是放弃好了。"或者你下决心多多运动，去健身房锻炼了几天，之后你浑身肌肉酸痛，连沙发都下不来，于是就停止了锻炼，放弃了你的目标。又或者，你想勇攀事业高峰，一开始也充满干劲，但一段时间后，日常琐事就冲淡了你对梦想的注意力，几个月后，你把新的目标束之高阁，因为你觉得自己的意志力太弱，无法专注于梦想。这种想法在更病态的情况中也很常见，比如努力戒酒的酗酒者，由于没有经受住小小的诱惑，在某次尝了一口酒后，心里就开始挣扎，并试图说服自己："既然已经破戒喝了第一杯，失去了 1% 的阵地，那一切也都白搭了，还不如把这瓶酒喝个精光。"

我自己也经历过这种情况（不是酗酒），但慢慢地我意识到，培养新习惯的道路上必然会有这些小插曲，这并不能证明你能力不足，而只是整件事一个不可或缺的组成部分。

就像跑步肯定会出汗一样，要改变习惯肯定也会有跌跌撞撞。这完全正常，并不意味着你就是个失败者，只是证明你也是人，所以不要往心里去，不要认为是自己的问题。即使是最成功的人，培养"制胜的习惯"时也会有挫折，让他们不同于其他人的不是意志力或动力，而是跌倒了能迅速爬起来的能力。

区别不在于跌倒与否，而在于是否能爬起来。

你也一样。总会有不可预见的事，而习惯的养成至少部分取决于跌倒了再站起来的能力：这是必须引起你注意的。

在这方面，培养共情而非批评所谓不足的内心对话会有很大的帮助。我们再看看饮食控制中可能导致我们彻底投降的小倒退：如果跌倒时对自己百般责备，事情很可能会变得更糟。在培养习惯的道路上，倒退往往不是因为失误，而是因为失误背后的惭愧、歉疚、失控感以及无望感。事实上，所有这些感受其实都会增加压力和绝望，而这两者都是致命的因素，会驱使我们再次在食物中寻找安慰（稍纵即逝的安慰）。

另一种选择我们刚刚也看到了：接受自己人性的一面，进行健康的自我共情，善待自己。

帮助我们为所做之事负起责任的
不是负疚，而是原谅。

原谅可以消除惭愧，如果惭愧和负疚、自我批评一起消失了，那我们就不需要再逃避什么，就可以平心静气地重新回到新习惯的养成上。

说到这里，我想再给你四个心态上的策略，便于你在这种情况下重新站起来。

1. 不是失败而是反馈。

每一个错误都是一堂课：我们可以忽视它，也可以积极地去理解它，并在下一次要面对同样情况时更有准备。出现失误不应该反复舔舐伤口，而应该带着好奇去看待它，问问自己能从中得到什么启示。

也就是说，不应该把失误看成失败，从而对自己进行道德审判，而应该把它看作一个简单的反馈，一个我们缺乏的、有助于我们提高的重要信息。

失败是终点，反馈是起点。如何看待完全由你决定。

不是你不够，而是你知道得不够。

如果把失误归为失败，就会得出自己不够格的结论；如果把它看成反馈，就会意识到是自己了解得还不够，还没有学会如何应对这一特定的变化。带着好奇去倾听所谓的失败，就能把它变成反馈。

2. 遵循计划，哪怕只做一点点。

前文说到简化时，我们已经部分地讨论了这个问题（零无效日，还记得吗）。这里要记住的是，单个失误本身并不要紧，要紧的是许多小错误积重难返。少做一次锻炼，身体并不会突然就变差，但如果连续三周每天都不做任何锻炼，那情况就会变化。

因此，坚持原定计划，哪怕只做一点点，这是很好的办法。

没有足够的时间做整套锻炼？那就做几个俯卧撑。

没有足够的时间写一篇文章？那就写一段。

没有足够的时间做瑜伽？那就花十秒做深呼吸。

没有足够的时间去度假？那就给自己放个短假，开车去郊区转转。

单个来看，这些行为似乎微不足道，但从长远来看则有很大的意义。起作用的并不是偶尔的行为，而是坚持之下的积累，哪怕是很小的积累，这样才会最终让你走向成功。

3. 试着找一个对你有所期待的人。

我小时候参加过一些足球队，打过拳击，也做过其他各种运动，知道我注意到什么了吗？如果有朋友、队友、教练期待着你去训练，你就会更有可能去。有些人只有知道私人教练等着他们、指望着他们（包括在经济上）时，才会定期去健身房。还有一些人之所以积极参加训练，是因为知道自己在团队内部扮演着重要的角色。

好消息是，即使你不在什么运动队中这一点也同样有效，在健身房和不认识的人聊天、交朋友也行：只要知道有一个熟悉的面孔在等着与你见面，就能推动你真正地出现在健身房。

4. 不完美也可以。

我注意到，许多人都被“要做就做到完美”的想法束缚，因为这种想法而止步不前，这实在可惜。比如，打算改善饮食习惯的人可能会这样想：“我想减糖，但每周四都要和书友会的朋友们见面，晚上 9 点他们都要吃冰激凌，我可不想成为唯一不合群的人，还是换个目标吧。”这种想法就是陷阱：一周有六天健康饮食时间，总好过完全没有。

不要为了完美才迈出第一步，
迈出第一步才能走向完美。

都同意吗？其实每周一天的健康饮食也比完全没有强，重要的是开始朝着目标前进：比如从每周一健康饮食开始。就算你不能做到极致，也不意味着要完全放弃。好习惯都是逐渐养成的，一次 1%，一点点积累。稳稳开始，过自己的生活，一路慢慢提高。进步是方向，而不是具体的位置。

总之，在养成新习惯的过程中，尤其在开始阶段，我们很可能会前进两步又后退一步。只要我们能预料到这种退步，又能尽快回到正轨，那就不是问题。

7
付诸实践

从理论到实践

在第 3 节我们解析了习惯，分析了其构成，发现它由信号、动作、收益这样的回路组成。

1. 信号：引导人进入自动化的行为。

2. 动作：行为本身，对某个信号的反应。

3. 收益：完成行为而获得的满足、好处。

我们以红绿灯为例具体说明了这个回路：绿灯亮起（信号），踩下油门（动作），通过十字路口从而接近目的地（收益）。在此基础上我们还提到，习惯要想长期保持，必须容易启动、可达成、有益。

说完这些，现在让我们在实践中看看习惯的构成到底指什么。我们以日常生活的行为——早起为例（这可是被成功人士视为“制胜法宝”的习惯之一）。

习惯 8　早上 6 点起床

早上 6 点起床对我来说并不是容易养成的习惯（读高中时我为了多睡 15 分钟宁愿不吃早饭），然而随着在职业和个人生活上的成长，我终于意识到，要把父亲、丈夫、专业人士这些角色做到最好并同时留一点时间给自己的兴趣爱好，唯一的办法就是早起。按前文我们所述的模式，我分阶段进行说明：

◎信号。我研究了启动这一习惯所需的热信号，做了一些我妻子并不特别喜欢的尝试（摇滚闹铃、黎明模拟器——在日出时播放鸟鸣并开启照亮房间的灯，开着百叶窗和窗户睡觉），之后我找到了理想的办法。是什么呢？是将我日夜佩戴的 fitbit 运动手表设置为早上 6 点振动：手腕不停颤抖就没法继续睡觉了。只要能起身，最重要的事情就做到了。

◎简化。设定好信号，我又开始简化行为，尽量使目标容易实现。首先我改变了上床睡觉的时间，不再是半夜 12 点，而是提前两个小时上床睡觉，即晚上 10 点；然后，考虑到任何习惯都不可能一夜之间养成，我按照自身的节奏把闹钟时间一点点提前，以免因为变化太大而做不到：先是早上 6 点 50 分，然后是 6 点 45 分，逐渐到 6 点。我还试过把手机设置好闹钟放在另一个房间，但很快就只能放弃，因为全家人都会被叫醒，而他们一点也不开心。最后，我了解到早上起床后感到疲惫和睡不醒往往是因为脱水，于是就在床头柜上放了一杯水，一醒来就喝，这样就能立刻让自己活跃起来。

◎动机。最后，我还研究了内在动机，这是养成新习惯的最后一个要素。在愉悦感方面，我把起床和边听好听的音乐边做事联系起来；在预期方面，我在一张纸上写下了早起的所有好处，包括时间多了我能干什么（如果赖床这些时间就没有了），还读了一些人写的书，了解生活如何因早起而变得更美好，我想象着一年后我的生活会发生怎样的变化；在归属感方面，我给自己找了个早起同伴，约好早上 6 点起床，还加入了都需要 6 点起床的早起群，并且每天早上都在群里互道早安。

诚实地说，我养成了早起的习惯并坚持了一段时间，但现在已经放弃了这一习惯，推迟了起床时间。早上 6 点起床确实曾在一段时间内对我来说非常有用，但到了生命的另一个阶段，它就不再实用了。在有孩子之前，一切都很好，但有了三个孩子之后，这个曾对我帮助很大的习惯就开始起反作用了：因为起得太早，我晚上就会很困，本来是要陪伴妻儿的美好时光，我却睡着了。

通过以上的文字我想传递给大家的理念是，习惯没有绝对的好坏之分，只是有一些让我们接近目标和追求，有一些让我们远离目标和追求。而目标和追求都会随着生命的推进而改变，于是我们的习惯也要随之改变，需要你时不时地检视和优化。

练习9　连点成线

再仔细思考一下到目前为止我们讨论过的所有主题，以及如何将其运用于你的习惯养成。你可以设置哪些热信号来启动它们？要做出哪一个简化过的行为？如何增强做出行为的动机？

关键习惯

在进入下一节之前，我想介绍一下“关键习惯”的概念。这是我在阅读查尔斯·都希格的著作《习惯的力量：为什么我们会这样生活，那样工作》时学到的，并立即引起了我的注意。

我们先假设坏习惯很难戒除，但可以用好习惯来替代。为此，依靠所谓的“关键习惯”非常必要。这些习惯能够彻底扭转一个人的生活方式，发挥着根本性的作用。

关键习惯影响日常生活的方式类似“多米诺效应”。为了理解这个概念，我们假设有一个人养成了每周跑步三次的习惯，跑着跑着，他为了跑得更好而读起了相关书籍，发现均衡饮食后跑步就会更省力，也有助于提高表现。后来，在健康饮食过程中他还意识到这也是在保护环境，于是也就开始垃圾分类。他也可能意识到戒烟能大幅提高跑步时的耐力，从而更有动力去戒烟，等等。

也就是说，从关键习惯（跑步）会衍生出与之直接相关的其他习惯（均衡饮食、保护环境，戒烟）。

我们无法列出适用于所有人的良好习惯，因为每个人的情况不同，但我见到适合最多人的是运动、冥想、写日记、学习（阅读、上课、看视频课程等）和早起。

我们也不可能先验地确定张三李四的关键习惯是什么，因为通常只有当习惯成为生活的一个固定部分时，才能看出这是一个关键习惯。在这种情况下，当你回头看时，你就会意识到习惯从养成的那一刻起就开通了通往改变的道路。对此，我的建议还是你应该找到自己的关键习惯。

练习10　你的关键习惯

要想知道你的关键习惯是什么，不妨问问自己：表现最好的日子里都做了什么？

花时间写下表现最佳的日子里所做的事情，看有没有重复出现的，也许你的关键习惯就在其中。

你也可以从上文建议的能引起“多米诺效应”的习惯中选一项尝试，并观察、分析收集到的结果。

---

8 基于身份的习惯和基于价值的习惯

至此，我们已经深入分析了习惯养成的两大支柱。第一个是准备工作，主要是确定自己的价值取向以找到正确的人生方向，以及端正心态；第二个是基本内容，涉及习惯的解析，包括信号、简化、动机等要素。

现在继续对习惯的研究。詹姆斯·克利尔[①]提出的一种方法我很喜欢，这种方法不是基于“做什么”才能养成某种习惯，而是基于“我们想成为什么样的人”，即我们为养成某种行为要发展什么身份。这种新的方法与以前的方法并不矛盾，反而相辅相成，可以并行。

① 《掌控习惯》的作者。——编者注

要改变你所拥有的，必须先改变你自己。

要理解身份，可以试着想象一颗洋葱。如果将洋葱横向剖开，就可以看到它本质上是由许多层组成：外层是表象，中间是表现，最后一层才是“内心”，即身份。

我们想要实现某些目标或实施某些行为时，通常会从最外层，即从表象开始。如果我想减重 10 千克，最外层就对应目标——减轻体重。再深入一点就是表现，即为了达成目标采取的行动。在大部分情况下，我们都只会“吃”到洋葱的这两层（表象和表现），并不会一直到达最中心。

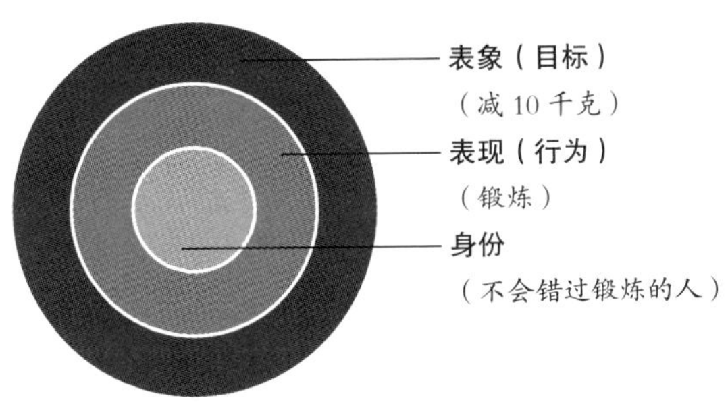

图 8.1　人格的层次

如果我问一个赚了很多钱的人：“你是怎么赚到的？”他很可能会回答：“我每天工作 16 个小时，一周 6 天。”这是给出了一个关于表现的回答，也就是说他告诉了我要达成目标需要做出什么行动。如果我想减重 10 千克，并去问一个刚刚减肥成功的朋友他是如何做到的，他很可能回答："我每周去三次健身房，并采用低碳水、高蛋白的饮食结构。"这依然是关于表现的回答。

问题在于我们的努力和注意力总是集中在外面的两层而忽略了最核心的一层。其实应该反过来，从"洋葱心"开始，从身份开始。基于身份的习惯是从核心出发的习惯，因此，根基更深厚，也更牢固。

我们要问对方（也问自己）的问题不应该是怎么减掉 10 千克，而应该是为了减掉这 10 千克要成为什么样的人。试着问问自己：什么样的人能够一周七天每天不落地去健身房，从而减掉10千克？什么样的人能够每天激情而快乐地工作 16 个小时而不知疲倦，从而赚到大钱？还要问问自己怎么才能更好地了解这个人，理解他的思维方式：他怎么面对障碍，怎么安排自己的一天，他的价值取向和梦想又是什么。

总之，我们应该越过"表现"这个层次，直指问题的核心，直指"身份"。为了养成新的习惯，我们要培养更能做出所需行动的个性。

首先，问自己一个关键的问题："要到达想去的地方，我得成为什么样的人？"之后，你可以看看走出自己想走的道路的其他人，看看他有什么样的人格，可以阅读他的书，观看他的视频，感受他周围的氛围，和他身边的人交谈，把自己放在他的位置上并培养出他的心态。如果得以结识某人，那就更好了。

这个方法会让你把注意力从行动转移到人格上。当你从更深的层次入手时，建立的改变当然也就会更稳固、扎实。大多数人都想在不改变自己深层信念的情况下改变行为，而这有时根本不可能。

作为心理学家和心理治疗师，我曾长期与希望改变自己人格的人接触 ，可以说这一点儿都不简单。有些改变确实比较容易，有些人也更容易改变某些特征，有些人则更困难。改变自己的个性，哪怕只是部分改变，也是一个需要时间的过程，有时还需要专业人士的帮助。

以下是在这方面可能有帮助的建议，都是我亲自尝试过的方法。虽然它们不能创造奇迹，但都十分强大。

三步创造新身份

我们来看一个朝着新方向改变身份的方法，分为三个基本步骤：

1. 获得新身份；

2. 实践新身份；

3. 创造机会分享。

假设你是受雇于人的员工，但你想自己创业，改变职业生涯。

为此，你要发展出创业者的身份。以下是按照上述三步骤进行的方法。

1. 获得新身份。

第一步的目标是理解推动企业家行动的需求，即什么能让他们兴奋起来，他们如何处理问题，关注哪些因素，如何决策，他们担心什么：也就是关注他们是什么样的人并理解其中的含义。你可以和他们一起参加研讨会，在其他场合和他们交流，或者阅读业界翘楚写的书。你会发现，显然，有些东西在不同人的做法中重复出现，同时也会发现他们思维的差异。将这一切全都记下来，思考哪些可能对你有用，是否可将其融入你当前的思维模式。

2. 实践新身份。

在理解了特定身份的心智运作逻辑后，还需要付诸实践，以便更好地掌握它。只有行动起来，我们才能学习、理解之前只是直觉地意识到的内容，认识到行动的意义并根据我们的具体情况做出调整。具体地说，你可以参加“周末创业营”，这样你就有两天的时间在一个模拟的创业环境中从事你的创业项目，就像你真的在一家创业公司工作一样。经过两天的项目开发工作之后，你可以试着启动该项目：当然，成功与否并不重要，重要的是你“动手做”，巩固你正在建立的新身份。

3. 创造机会分享。

最后一步是向他人介绍自己的经验。你可以将自己的经历告诉你的朋友，听听他们的意见，或者在博客上发一篇文章，邀请他人进行评论。说说你的心得体会，谈谈会使生活发生哪些改变。给重要的人写一封信（不一定要寄出）也很管用，跟他们说说你为什么觉得那种身份很强大，能给生活带来什么益处。你要尽量说得详细一些，就好像要建议对方也做你现在做的事情一样，还要说明你为什么做出这种选择。仅仅是写下这些信息就会强化你内心的观点。

在本节的开头我就说过，身份和习惯解析要双管齐下。为什么呢？因为两方面都做，会提高达成目标的概率。一方面，身份上的改变会让我们做不同的事情；另一方面，根据习惯的构成做出改变，我们就会致力于做不同的事情，最终也会改变我们的身份。

以我个人为例，刚开始做视频时的我和今天的我大不相同。这不仅是因为时光如梭，几年已经过去了，更是因为做视频改变了我这个人。为了创建我的 YouTube 频道，我学习了公开演讲，如何面对镜头，如何有效地管理情绪，还了解了讲故事的基本方法，熟悉了视频剪辑技巧，深入研究了网络营销的策略以便更好地传播视频。我还阅读了数百本书，以寻找灵感和可加在视频中的理念。我还与同事进行交流，结识新朋友，反复观看屏幕上的自己以寻求改进方法……还有其他千千万万的事情。这些让我变成了一个更全面、更与时俱进的专业人士，一个不同的人。生活会改变你，在这种情况下，做视频就改变了我，让我找到并逐渐养成了新的思维方式。

与此同时，我也努力打造一种新的身份，以加强我在构建 YouTube 频道所需技能的过程中的认同感，扩大频道的影响力，使其成为尽可能多的人的参考。我开始接触其他的 YouTube 用户和有影响力的播主，了解他们的思维方式。我参加了他们的课程，试着在现实生活中了解他们，与他们联合创作，深入了解他们的生活和工作方式。

在结束这些思考之前，我想提醒一下，只关注表现而忽视身份方面的努力会发生什么。还是以本节开头的减重 10 千克为例，我们已经明确地知道这需要每周去三次健身房，那么，如果出于某种原因不得不错过一次或几次健身，会发生什么？结果就是我们会觉得自己无能，半途而废，认为自己做不到。相反，如果我们专注于核心，努力塑造我们会抓住任何机会锻炼这样的身份，那么，错过一次锻炼还是我们只锻炼半小时而“榜样”却练了两个小时就不再重要。对我们来说，真正重要的是养成有助于达成目标的新思维方式。这种新的思维方式让我们形成持之以恒锻炼的稳态，在维持努力强度方面就会花费更少的精力。

总之，如果先塑造身份，将该身份下的人的思维及其看待事物的模式变成自己的，就能发现提高表现需要做出哪些动作并自主地将其维持下去。

练习11　直达洋葱的中心

拿一张纸写下你对这些问题的回答：要达到目标，你要成为什么样的人？具体来说，你要做哪些事情去实现目标？如何安排一天的时间？你的愿望是什么？热衷于什么？你如何与人相处？吃什么？你对人生有什么想法？你在几点睡觉？等等。

基于价值的习惯

我们刚刚看到的基于身份的习惯养成表明，要获得不同于现在的结果，我们可以（也必须）在“做什么事”和“是什么人”上同时下功夫。

实际上，如果我们成为不同的人，就会自动做不同的事，从而获得新的结果。

多年来，我深入研究了这一过程，并更进了一步：从了解他人的身份并将自己塑造成这样的人，到发现自己的价值观。

正如我们在第一章中已经说过的，指导我们日常生活的价值观是促进改变的极强大工具，只要我们懂得如何识别并恰当地运用它们。

我来说说我自己。一直到 30 岁上下，我从未注意过保存精力、延年益寿的重要，反而把运动看成自虐，喜欢吃什么就吃什么，不到万不得已也不去体检。总之，我的行为和习惯都朝着不太健康的方向发展。

随着 40 岁的到来，我进入了人生的新阶段。有 3 个孩子、几家公司和 30 多名员工需要我去操心，我的当务之急也逐渐发生了变化。我开始以不同的方式看待自己的健康，明白了保持健康对于我的重要性，这样我才能支持所爱之人和在各种层面上都需要我的人。

于是，我开始享受到运动之后肌肉酸痛带来的愉悦，开始为注重饮食而自豪，开始积极探索可以请教哪些健康专家以帮助管理精力，等等。简言之，过去我认为是浪费时间或毫无意义的事，现在于我变成了对孩子们爱的表达，因为他们会因此更有可能拥有一个健康、长寿的父亲[①]。

以上是我在行为和习惯上的一次重大转变，而这是我的价值取向发生变化的结果。在我成长道路上发生的事情使以前不被我重视的两样事物（家庭和健康）变得很重要，进入了我重要价值取向的前三。这些人生大事让我重新思考我的优先事项：成为父亲突出了家庭的价值，年龄的增长助长了健康的价值。

当你的价值取向发生变化而你又意识到这种变化时，你的人生可能就会面临一场巨大的变革。不过，让我们一步步来，探索价值取向在促进习惯养成和维持方面的力量。

---

① 本书第四章，我结合实际深入探讨了这一变化以及如何通过 1% 法则来实现。

为此，我们要先把上文提到的启发身份意识的“洋葱模型”放到一边，转而想象一列由四节车厢组成的火车。

接下来，我们仔细观察一下这列“改变之车”的车厢，从最后一节开始。

图 8.2　改变之车

结果的车厢：这代表你拥有的一切。健美的身材、如意的伴侣、数字漂亮的银行存款，但同时也存在精神崩溃、缺少朋友、住所凌乱等问题。结果的车厢直接受到前一节车厢的影响，那就是——

行动的车厢：这里有你采取的所有行动，结果完全取决于这些行动。如果你每天吃五个冰激凌，那你的身体就会超重；如果你努力提高技能，改善人际关系，保持求知欲，那你的银行存款就会更多；如果你持续贬低伴侣，看不到他的好，那么你的感情关系就会破裂……诸如此类。你决定做什么或不做什么，主要由上一节车厢决定，也就是——

想法的车厢：这里有你对自己和周围世界的想法。如果你认为运动是自虐，那你可能也不情愿去健身房，并且很快就会放弃运动（行动的车厢），在结果的车厢中也就会有不健美的身体。如果你认为总是应该朋友来找你，那么在行动的车厢中，你就会对别人挑剔，不愿主动去培养关系，于是在结果的车厢里就只有孤独。但归根结底，我们坚信的这些想法都来自“火车头”。

价值火车头：这是最重要的车厢，因为它是动力所在，拉动着其他所有车厢。这节车厢里有你的指导原则，你认为重要的价值，它们构成了你行走于世的道德指南。凭借它们，你才能理解发生在你身上的事情，根据自己的观点判断是非，确定你要做的事情的优先级，决定如何为人处世（由此不难看出，价值观对我们的为人处世极为重要，可惜大多数人完全忽视了它，导致其他三节车厢即使跑起来也缺乏动力和决心）。如果你认为健康重要，就不会觉得去健身房很麻烦，反而是每次行动的车厢中出现符合这一价值取向的行动时，你都会感觉很好。于是你会培养越来越多的想法和做法，让行动的车厢与价值火车头保持一致。

这个过程解释了为什么我们能给生活带来许多改变，也展示了一种改变身边人的可行做法。比如，如果一位同事在最后一节车厢里总是“上班迟到”，这或许是因为在火车头那里，他不懂得尊重的重要性，或者知道但并不重视。如果他能完全接受“尊重”这个价值观，自然就会认为守时很重要，行动的车厢里就会产生一系列防止迟到的措施：把闹钟调早一点，前一天晚上早点睡觉，这样很可能就再也不会迟到了。

我可以举出成百上千个类似的例子，关于夫妻生活、客户或与上司的关系等，但中心思想已经很清楚：你秉持的价值观会抑制头脑中的某些想法和信念，引起相应的行为，最终必然会导致某种结果。

这让我们进一步对此做出三个方面的思考。

1. 连起火车头和第一节车厢。

正如“确定人生方向”一节所述，如果努力自动化的行动所产生的结果与你的价值取向相悖，那么，你就是在朝着幸福的反方向划桨。

这就是为什么思考自己的价值取向如此重要，否则我们就失去了在风暴中指引方向的指南针。

只要你能将新习惯与价值取向相关联，保持动力就不难。

比如，问问自己为什么想养成每天读一页书的习惯。也许是想激发自己的创造力？还是想通过多学知识赚更多的钱？抑或是想掌握更多技能以便帮助他人？

也可以思索一下为什么想开始跑步。是为了健康地活更久？还是想和孩子在一起时精力充沛？或者是想参加慈善马拉松？

每一个答案都将行动与不同的价值火车头相连。没有适用于所有人的绝对正确的价值观，你需要了解自己的价值观，并明白如何将它与其他车厢相连，从而为“改变之车”提供最大的动力。

2. 努力改变价值取向。

我们已经看到，价值取向并非一成不变，可能会随着时间的推移而改变。可以用一些事情来重点强化某些价值取向，这样就能更有力地支持让我们变得更好的习惯养成。

以下是最能影响我们价值取向的因素，请对其加以思考以制定改变策略：

◎工作的场所：在谷歌工作一定比在组装线上工作更容易认同创新的价值。试着问问自己，你目前的工作是否影响你的价值取向，是如何影响的。

◎接触的媒体：你在社交网络上关注了哪些人？你读哪些报纸？听哪些电台？加入了哪些群？关注哪些电视节目？仔细检查一下充斥你脑海的媒体信息，并根据你希望巩固的价值取向对它们进行筛选。

◎身边的人：如果你整个星期都和不良少年混在一起，诚实这一价值取向肯定不会得到增强。清理无效的人际关系很难，但如果不做，它就会把你消耗干净。

◎人生事件：假设你成为孤儿，你就会拷问自己在世上的位置；当你年满 50 岁时，就会总结自己一生都做了什么；如果你大难不死，就会愈加珍惜每天的时间。有些人生事件会颠覆我们的价值体系，完全不受我们控制。有时，我们也可能会主动经历特定的事情来破坏稳定，以求达到更好的新平衡（圣地亚哥朝圣之路[1]就是一个例子，许多人走完这条路后都完全变了个人）。

◎各种活动：参加音乐课程可能会增强创造这一价值取向；参加慈善捐助就更容易践行乐于助人这一价值取向……你今天做的活动在激发出你的哪些价值取向？你还可以增加哪些活动来重点加强不同的价值取向？

◎全新的角色：当你为人父母后，就会重新审视你的优先事项和目标，也就会重新审视自己的价值取向。如果你换了工作，新的岗位责任加倍（或减半），你的价值取向也可能发生变化。目前的社会角色是如何影响你的价值取向的？

3. 认识你自己，成为你自己。

有时，当我们思考未来，思考今天如何改变以使之成为可能时，会受到某种个人成长领域常见的思维模式的过度影响。

我说的是那种天真的想法，即以为只要有坚定的信念和钢铁般的决心，任何人都可以做到任何事。“如果你真的想要，那么你就能得到，因为你可以成为你想成为的任何人。”根据我的经验，这种想法给人们带来的挫败感最多，因为它引导人们只关注“拥有”，而忽略了“做人”。

并非你想成为谁就能成为谁。不是所有人都能当上美国总统、NBA 球员、慈爱的父母和无可挑剔的伴侣。我们都有自己的局限性，

①Camino de Santiago。从中世纪起，就是世界三大朝圣之路之中最著名的一条，被联合国教科文组织列为世界文化遗产。每年，有成千上万的人从世界各地来到这里进行徒步旅程，寻找过去圣徒的踪迹，进行一场心灵与肉体的修行。

这种局限性不可忽视、对抗，而应该了解、尊重（这些局限性中的一部分是基因造成的，在第 11 节中会有讨论）。

通过木匠和园丁的比喻，可以更好地对此进行说明。

当木匠手拿一块木头时，脑海中就已经清晰地知道在他完工时木块会是什么形状。就这样，他开始干活，一刀一刀按照自己的想法雕琢着“未来”。

信奉“想要就能做到”的理念，我们就成了雕琢自己未来的木匠。

但要让我们内在的人类潜能绽放，我认为当一个园丁才是更明智、更有效的做法，而不是像木匠一样。

园丁从一粒种子开始，试着了解它茁壮成长所需要的条件。只有了解了种子的特征、局限性和本质，才能给它适量的水、阳光和肥料，使它正常生长。并不是说你把玫瑰种子当成玉兰种子，它就能有玉兰花的香气；也不是说把雏菊种子当成紫藤种子，它就会长出枝蔓。

不是你想成为谁就能成为谁，
但你可以成为你自己。

一旦知道了手中的是一株向日葵的种子，那你就要尽全力让这颗种子变成世上最美丽的向日葵。拥有远大梦想和雄心壮志是正确且必要的，但这些必须始终符合我们的条件，符合我们的本性，因为一旦违背了这些，我们就只能走向不幸。

在这个比喻中，可以说种子就是你的价值取向。我们已经看到，你可以在一定程度上改变它们，但一旦你理解并看清它们，就不能再违背它们的要求而行事。因此，你需要努力看清内心深处的价值取向并与之连接，并看看能否强化新的价值取向，使之能够支持你养成想要的习惯，但是你始终要忠于自己。

结束本节之前，我想澄清一点，以免产生误解。基于身份的习惯和基于价值的习惯完全不矛盾。诚然，基于身份需要你去“模仿”他人，但这不是要你全盘照搬，而是要体验不同的环境、角色、关系和活动。我们说过，所有这些都会影响我们最深层的价值取向。

练习12　让习惯和价值取向相协调

再看看第1节的价值取向练习，你能把想养成的习惯与其中之一联系起来吗？如何联系？可以重点强化某些价值取向，或者从头开始培养哪些价值取向，使之支持你做出想要的习惯动作？在哪些价值取向上要特别下功夫？如何做到这一点？是通过获得新的体验，改变社交圈，还是扮演新角色？

第三章

1% 法则的第三支柱

9
改变环境，改变行为

环境的力量

在做好准备工作，理解了基础知识之后，在本书的第三章，我们将深入探讨那些能支持和巩固我们行为改变的因素，它们构成了 1% 法则的第三支柱。

我们始终要牢记，达成目标并不意味着取得了可持续的结果，即能随着时间的推移一直持续下去。要想长期保持，就必须采用新的生活方式。

这就要求我们要重视第一个因素，它非常重要却容易被忽视，无形却又决定性地塑造着我们的行为，而且，我们的行为能不能持续也取决于它，这就是环境。

为了理解它“神奇”的塑造力，我举一个越南战争时期的特别贴切的例子①。

在越战期间，两位美国参议员访问了战区的美军。他们在回国后表示，他们非常震惊于许多士兵都吸食海洛因。部队中有一半的人吸毒是既出人意料又非常严重的现象，因此他们立即在参议院提出警示。之后，一个针对这一现象的研究项目启动，以研究为什么军队成员开始吸食毒品。初步的研究结果表明，这种情况的确很严重，但还不至于说吸食海洛因的士兵都已“成瘾”：真正成瘾的占 20%，还有 40% 的人只是偶尔吸食。尽管如此，占比也是非常高的。

最令人——首先是研究人员，然后是公众——震惊的是，当士兵们回到美国，脱离开始吸毒的环境后，继续吸食海洛因的人占比下降到了 5% 左右——接近普通社会的吸毒者比例。

我不是想说改变环境就能戒毒，毒品成瘾的情形复杂多样，也与自身因素相关，所以光改变环境是不够的。不过，戒毒机构依据的原理之一正是将吸毒者从其所处的环境中抽离出来，并将其置于完全不同的环境中。他们原来所在的环境中，有一系列的“设

① 我在阅读亚当·奥尔特的书《欲罢不能：刷屏时代如何摆脱行为上瘾》的英文版时，第一次知道了一项关于越战老兵吸食海洛因的研究。在此书中，作为纽约大学心理学及市场营销教授，作者深入阐述了行为依赖的课题，说明了为什么现在的很多技术手段真的是字面意义上的令人“欲罢不能”，以及我们能做些什么来控制被其奴役的风险。

置”引诱他们吸食毒品：可以过毒瘾的公园长椅，可以找到毒贩的酒吧，一起吸毒玩乐的朋友。而这些在戒毒机构里都不存在，也就无法引发环境与行为的关联。

回到越战的例子中，如果我们被派去作战，经常接触那些没事就吸食海洛因的人，那我们很可能也会变成那样。我们会经历战争的压力，随时面临生命危险，不得不做出沉重的选择，这种情形之下，也许就会通过吸食海洛因来缓解压力和痛苦（有时还有无聊）。

从这个例子中，我们可以得出一个值得思考的警示：

要彻底改变行为，就要先彻底改变所在的环境。

大多数越战老兵一回到祖国就不再吸毒，对于这种现象，有很多解释：首先，海洛因在越南随处可得，但在美国却难买得多；其次，他们在祖国承受的压力远远低于在战场上（轰炸、埋伏，提防狙击手，眼睁睁看着战友死去，重伤、截肢），因此不必靠海洛因来减压。还有，在前线，大家对吸食海洛因见怪不怪，但回国后，吸毒是既不普遍也不被接受的行为。

关于环境对行为的影响，还有另一项完成于马萨诸塞州总医院，非常有趣的经典实验。研究人员认为，在不进行营销或宣传的情况下，改变摆放位置就可以增加医院小卖部瓶装水的销售量，减少碳酸饮料的销售量。瓶装水被他们移到了收银台附近，以前只放碳酸饮料的冰箱里现在也放上了瓶装水，这都是为了让顾客更容易看到、拿到瓶装水。总之，研究人员正在通过改变环境给进来的人一个新的信号。碳酸饮料没有被移走，只是旁边多了瓶装水。实验结果是，六个月内瓶装水的销量增加了 20%，而碳酸饮料的销量减少了 11%。当买水的顾客被问及为什么买水时，他们会回答："因为想喝水。"但事实并非如此。先前的环境中也有瓶装水，如果他们想买也能买，可见环境的改变对人的影响之大。简言之，他们无意识地接受了改变后环境的暗示，于是变得比以前更偏向于买瓶装水。

此实验表明，环境可以成为意志的强大盟友。很明显，环境会在不知不觉中大大影响我们的选择和行动。这意味着我们选择的并不总是自己真正想要的，有时只是环境提供的。

你不是根据自己的意愿做出选择，
而是根据别人提供给你的做出选择。

为什么你在某天买下了此时正穿着的 T 恤？是你自己主动并明确地要找这个颜色、品牌、版型吗？还是你走进了一家商店时没有具体想法，而环境成功地暗示你买下这件 T 恤？也许你根本没想买它，但因为你陪人逛街购物时看到它正在打折，就对自己暗示说："为什么不买呢，也许挺好的，买了吧。"你真的就是看中了此刻用来给这本书画线的铅笔？还是随便哪一支都行，于是结账时就拿了摆在收银台旁边的那支？大多数情况下，我们决定购买某种产品、某项服务，形成一种想法，做出一种行为，都只是因为环境提示我们：它们就在那里，很方便拿到，就让它们变成生活的一部分吧。

意识到这一点很重要，因为它会令我们思索如何让环境为我所用。

协助意志力

就像天赋对成功很重要但并非必需的一样，意志力也没有想象得那么强大。因此，大型商超的营销经理都非常清楚环境对人的行为和意志产生影响的机制。你想过没有，为什么超市的果蔬区总在入口或入口附近，而薯片、巧克力、糖果和高热量零食却在最里面，离出口更近？这是因为，如果我们先把水果和蔬菜放进手推车，"良心"就过得去了，那再来一些"垃圾食品"也无妨。同样，瓶装水也总在收银台附近，因为如果瓶装水放在最外面，一开始就会把手推车填满，这样车里就会放不下太多其他东西。另外，你注意到没有？这些年来手推车变得越来越大。如果你还记得，早期的手推车比现在要小得多。它们不是突然变大的，而是一点一点变大，目的是引导我们买越来越多的东西。还有，你想没想过糖果和巧克力为什么通常都摆在货架的最底层呢？因为孩子够得着，这样就更容易诱惑他们：条件成了信号，孩子们只需一个非常简单的动作就能得到很大的好处——吃到非常想吃的糖果。

那么，粗盐放在哪里？没人知道。猜猜为什么？因为它不可缺少，你找不到就会一直找，直到找到为止，找的过程中又会顺便把饼干、薯片、香薰蜡烛、身体乳、须后水，一个芒果、三板巧克力、两包米饼都放进购物车。

超市的例子引人做以下思考：如果环境真的能决定我们的选择，那我们要怎么更改它，让它成为我们意志的盟友，从而让某些行为更容易而让另一些行为更困难？我们该如何构建日常生活来向自己“推销”最好的选择？如何从环境的受害者转变为生活的建筑师？如何根据自己想要养成的习惯、想成为的人来改变环境？

幸运的是，在这方面有好几种方法，只需仔细观察我们周围环境的“心理”构造，并对其加以操纵，使之为我所用。

超市心理学：当环境决定了你的购买

下面列出了超市常用的七种以环境引导消费的策略。看看你对它们熟悉吗？

1. 到了收银台就会再买一样。

将商品摆在收银台附近是许多超市都采用的一种有效的营销策略，目的是吸引顾客在等待结账时再多买几样东西。这种策略之所以管用，是因为放在收银台附近的商品很容易拿到（触手可及），体积小，最重要的是价格低。事实上，顾客已经选好了东西，正在排队结账，本不想再多花钱了，如果价格太高，他肯定放弃购买，但如果价格不高，那消费者就会受到诱惑，并很乐意把价格不过几块钱的糖果加入购物车。

2. 打折骗局。

现在，一些超市广泛使用的一种方法是价签上只写折扣不写价格。由于没有标价，消费者不知道原价，也就没法计算出最终价格，于是就会多花钱。

3. 超市音乐的作用。

研究表明，消费者在播放背景音乐的超市里往往花钱更多，这种做法据说可以让平均消费额增加几个百分点。这是因为背景音乐增加了人们在货架间停留的时间，让他们可以更惬意地慢慢挑选，也就更愿意花钱。

4. 乱堆的商品。

在大多数超市里，都能看到堆成一堆的商品。这可不是随便放的，其目的是让我们以为堆放的是廉价产品，或者是库存货。事实上，我们的大脑会把乱七八糟和便宜联系起来，于是就降低了防御反应，会更轻易地做出购买行为（就算还是原价）。这种技巧在一些市场里很典型，在那里，商品通常堆在一起，价格大大地写——不是印刷的——在一旁，以增加产品的“粗糙”感，给人便宜的感觉。

5. 联想购买。

我们已经看出来，超市摆货都不是乱摆的。留心观察就会发现饮料往往就摆在薯片、爆米花等零食的旁边。这就是所谓的“交叉销售”：将不同类但会一起用的商品相邻摆放，让两种产品都更容易销售。类似的例子还有：草莓和喷射奶油、风干牛肉片和格拉纳奶酪、面包和熟肉制品、意面和酱料。这种策略有时确实能帮到消费者，但大多数情况下，它只会暗示人们去购买原本没想买的东西，人们装满了购物车却掏空了钱包。

6. 放在右手边。

超市让我们多买东西的秘诀之一就是把想推销的商品放在右边的货架上。这是因为，大部分人都惯用右手，销售方很清楚消费者更有可能拿右边的东西而不是左边的。

7. 一瓶洗衣液可以洗多少次衣服?

在超市的洗衣液货架上可以看到，这类产品越来越不会明显标注实际容量，而是用大字写着可以洗多少次。问题是，就算瓶子容量一样，洗衣的次数也会有所不同。陷阱在哪里？那就是让消费者购买时根据次数而不是实际容量做出选择。

努力创造有利环境

过去，我曾和埃尼集团合作，为他们做各种培训，比如怎么利用习惯减少生产事故等。在工厂入口，我递上身份证后，他们将我带到一个有电脑的房间，请我坐在屏幕前观看一段几分钟的视频，了解进入厂区的行为须知：紧急情况下打哪个电话，每种警报声代表什么，想抽烟怎么办，等等。视频结束后，屏幕上出现了几个问题，好像是对于我能不能进入厂区的考试。我必须答对所有问题才能通过，否则就要继续答题，直到证明我已经知晓了它们最基本的规则。总之，公司创造了一种环境——让我在进入厂区之前必须记住某些概念。正因为有这样一个强制过程，我带着不一样的心态接触了厂区和其中的员工。环境改变了，我的思维也随之改变，于是我的行为也变了。

让我们再看看其他例子，看看我们该如何根据自己的意愿来改变周围环境。

比如，你想少看点电视，把时间用于阅读，但如果电视机就在卧室里正对着床的位置，那你的目标就很难达成，这样的环境只会让你看更多的电视。经过一天的劳累，你晚上回到家，筋疲力尽地躺在床上，而电视就在你眼前，这个信号再清楚不过——邀请你打开它。这个视觉信号让你去完成一个“简单到无法说不”的动作：只要伸手拿到遥控器，轻轻一按，就能看到最新一集真人秀，然后你开始激动兴奋……你应该已经猜到这个晚上最终会如何度过了。在一个一切都布置得不利于你实现目标的房间里，要付出的努力是巨大的，而往往在一开始你就输掉了。如果把电视从卧室搬到客厅会怎样呢？不要把它放在显眼的地方，而是放在可以关起来的柜子里。如果在床头柜上放几本好书呢？放那种你感兴趣的，能引起你共鸣的，不是太难“啃”的……布置成这样的环境，肯定会让你多读书而不是看最新一集的真人秀。通过一个简单的动作，你就把环境从意志的“敌人”变成了“盟友”。想创造一个更强大、更有效的环境吗？试试看把电视收起来，并在月底看看自己看了多少书！

同样，如果你想养成多喝水的习惯，就不要把瓶子放在冰箱里，而是要放在工作台附近，当你抬头就看见它时也就想起了要喝水。如果你旁边放的不是水而是糖果，那就是设置了让你吃糖的信号，会让你不知不觉一颗接一颗地吃。如果还是没有包装纸的糖果就更简单了，因为需要你做出的努力更少。

所以，想少吃点饼干？那就别买（如果家里没有饼干，那你在家里就不会吃饼干）。想早上一起床就去跑步？那就把运动装放在床边。想学英语？就立即把手机、导航、电脑的系统语言都改成英语。这些都是制造有利环境的简单例子，就算你意志力不足，环境也能给予你支持。正如我们所见，意志力虽然是学习和改变过程中的重要因素，但不幸的是，在 80% 的情况下，它都会离我们而去。

环境可以提供许多办法来协助我们的意志力。这就需要我们去寻找、尝试并利用它们。如果我们不学习如何按照需要设置有利环境，那么别人就会替我们设置。

如果你对未来没有安排，那别人就会替你安排。

我在自己的职业生涯和个人生活中，从未见过有人能在不利环境中养成良好的习惯，原因很简单：这种情况下意志力是不可持续的。我们现在的目标是设计环境以促成好习惯的养成，摒弃坏习惯。

练习13　改造环境

你要如何改变环境来促成自己想养成的习惯，停止想戒除的行为？

哪些东西可以摆在手边显眼的地方？哪些东西可以从眼前移走，使之更难拿到？有什么东西需要改变位置或提前准备吗？你还可以对环境做哪些改动，使其成为你的“盟友”？

花些时间观察一下你有多少空间来培养一个习惯，问问自己什么会阻碍你，什么又有利于你，能为你铺平道路。

如何戒除习惯 2.0 版本

技术一直在改变着人类的生活。让我们来思考一下工业革命带来的改变——不仅要从生产力的角度，还要从更纯粹的社会学角度。比如，正是在蒸汽机、内燃机问世，大型工厂诞生之时，家庭对孩子的态度发生了深刻的改变：孩子不再是劳动力资源，而是成了家庭关爱的中心。每家每户的子女数越来越少，逐渐演变成今天如果一家有四个孩子就算很特别的局面。

一个不争的事实是，即使是在今天，我们也自觉或不自觉地受着技术革命的影响。30 年前，我们中有多少人能想到现在睡觉时会把手机放在床头柜上？我想应该没有人（有也只是极少数）。根据最近的一项调查，现在意大利使用智能手机的人中，有 70% 要在睡前最后再看一次手机才能睡。另一项调查则显示，电子邮件一般在收到后 6 秒左右就会打断收件人的工作[①]。事实上，就算我们不立即对收到的消息做出回复，而只是扫一眼，那重新集中注意力也需要平均 1 分钟的时间。这真的很影响工作效率。仔细分析这一现象就会发现，几乎所有打断专注的情况都来自我们自己，是我们自己决定的中断。我的意思是，如果在写这一页的时候，

① 奥尔特，《欲罢不能：刷屏时代如何摆脱行为上瘾》，北京：机械工业出版社，2018 年。——编者注

我的手机上收到一条通知，我即便只是看了一下，那也是我自己要看的，不是手机拖着我看的。

好在环境设置好了也可以帮我们应对新技术。它能帮人戒除坏习惯，一如它能帮人养成好习惯。

要改变无助于实现目标的“科技”习惯，有多种工具和技巧可用。

如果经常在电脑前工作，可以给浏览器安装广告拦截插件，从而节省下载时间和带宽，让我们在使用程序时不会受到不必要的干扰。在微博上，我们也可以用专门的插件来消除所有的推送通知，这样如果我们想看什么页面，就要手动搜寻：被动接收转变为了主动输出，我们可以自己决定看什么、看谁。还有一些应用程序可以用来在设定好的时间段内阻止访问某些网站（电脑和手机都可以）。最后，为了不被手机打扰，可以将其调成“静音”模式，面朝下放，甚至放到另一个房间去。

习惯 9　如何戒除坏习惯 2.0 版本

克莱德·毕提是上世纪最著名的驯兽师，他的成名尤其要归功于他的一项发现：用椅子驯狮。简言之，他发现用椅子的四条腿朝向狮子，狮子的注意力就会分散到四个点上，这样一来，它就会不知所措，不知道该把注意力集中在什么地方。结果呢？驯服它就变得容易多了。

随着新科技的出现，我们变得有点像那头狮子：同时受着许许多多的刺激，就算这些刺激不会让我们瘫痪，也会让我们浪费大量的时间。我们该如何抵御这些对注意力的持续攻击呢？

我采用了一个小技巧，它大大增强了我在电脑上写作时的专注力。这个办法就是把文字处理程序（Word）调成“全屏”模式，这样做就是为了不显示其他程序的通知，从而也就消除了那些隔一阵就要破坏我注意力的危险信号[①]。

另一个明显提高我专注度的小窍门是关闭手机上的所有通知。这就意味着我的手机屏幕上不再会不停地出现彩色方框，告诉我又有短信、微信消息、电子邮件或朋友圈又有点赞。如果我想看看谁联系了我，用的什么方式联系我，那就由我自己主动去看，而不是被外部信号牵着走。为避免太容易就做出浪费时间的举动，我还把手机屏幕上的图标减到了最少，最后只留下待办事项，里面记着我不想遗忘的、要做的事。如此一来，想看其他任何社交软件，我都要滑动屏幕才能进入相应的程序。这样，我就通过改变环境（设置手机和电脑），在自己和想阻止的行为（浪费时间）之间设置了一个“障碍”。总之，不用费太大的力气，我们就可以设置好环境，以促成或阻止某些习惯。

①如果工作空间较大，我建议试试双屏模式，这样就可以在主屏幕上显示正在干的活，而在副屏幕上显示其他所有不紧要的事务。

10
反馈

什么是反馈

反馈指的是系统动作产生的效果反作用于系统本身，以适当地改变或纠正其运行的过程。这个词原本主要用于科技领域，现在也被语言学、心理学等其他学科采用，表示信息或行为对发出者的反作用。

举例来说，你正在会议上演讲，听众的表情和姿态就是他们自觉或不自觉发出的反馈，你可借此调整，使演讲更好地进行下去。如果听众打哈欠，说明他们感到无聊；如果他们点头，说明对演讲感兴趣并赞同你的观点；等等。由此看来，反馈是环境在我们做出动作之后让我们改善行为的宝贵信号。在此基础上，我们可根据反馈纠正行为：发现听众无聊了，就可以提高嗓门，或者省略某些过于专业的细节，然后再看看听众是否有好的反馈。

延迟满足的环境和即时满足的头脑

以色列历史学家尤瓦尔·赫拉利在其著作《人类简史》中说到，从智人出现在地球上到今天的 20 万年里，人类的大脑基本没有变化，唯一的变化是在大约 7 万年前，基因突变让人类发展出了抽象思维和虚构能力。正是这场认知革命让人类走到了今天。不过，随着时间的推移，人类还经历了其他非常重要的转折性革命：500 年前的科学革命，然后是四次工业革命。工业革命颠覆了我们的劳动方式，从而也颠覆了我们的生活方式甚至人际关系。让我们先花点时间回忆一下四次工业革命：第一次发生于 18 世纪下半叶，当时蒸汽机的出现影响了纺织和冶金业；第二次工业革命始于 19 世纪 70 年代，即第一次工业革命之后大约 120 年，电、化学品和石油被运用于工业；第三次工业革命又等了 100 年，在 20 世纪 70 年代，电子、通信和计算机技术被大规模引入工业领域。

从这些时间点我们可以看出，一场革命和下一场革命之间的时间间隔在逐渐缩短。到了第四次工业革命[①]，即开始于 2014 年左右的物理世界、数字世界、生物世界之间相互渗透并逐渐加深的阶段，这种加速就更猛了，并且呈指数级增长，我们在方方面面都切身体会着这种交融。一场革命与下一场革命之间的间隔越来越短，这不禁让我们思索：下一场革命会在多少年之后到来？

这个话题之所以需要关注，有好几个原因，其中我想请大家注意的一点是，我们在经历最近一次革命时，还是用着和智人诞生时差不多的脑子（可能下一次也是，而下一次似乎马上就要到来），也就是用于解决 20 万年前（至少也是 7 万年前）的问题的脑子。

这对理解什么是反馈及其在改变中的作用至关重要。赫拉利认为，我们今天带着“远古”的大脑在生活，这种大脑在 7 万年前让人类适应了“即时反馈”的环境。那时，人们想的都是眼前的事情，比如饥饿、寒冷、猛兽等等。这些都是即时的信号，与之相应的是即时的行动和解决方案：饿了就去觅食，猛兽来了就上树，下雨了就找地方避雨。反馈也是即时的：饿了（信号）→觅食（行动）→饱腹（反馈）；下雨了→进山洞→不被淋湿；猛兽来了→上树→躲过危险。

当今的情况显然已经变了。我们生活在“延迟满足”的环境中，

① 关于人工智能、机器人、物联网、3D 打印、基因工程、量子计算机等技术所驱动的社会生产方式变革。

“反馈”不见了。比如，我们学习是为了找工作，可真正能得到工作要等好多年以后（还得足够幸运）。

这就意味着努力不再立刻就会有回报，行动和反馈之间也不再具有同步性。再举一个例子：我们投资养老基金，风险各异，但都不会立即得到回报，而是要等到多年以后。

总之，我们生活在一个延迟满足的社会中，却仍然有着即时满足的头脑，我们失去了反馈，无法证明所做的是对还是错，而这对于我们的坚持和恒心具有毁灭性的影响。

所有你衡量的事物都能得到改善。

接收到关于行动的反馈是极其重要和强大的因素。以交通测速为例，它们会告诉我们是否超速。有了这样的信息，我们就能在车速过快时减速， 从而避免被扣分，有时甚至还能避免发生严重的交通事故。在这方面，有一些研究表明，这些测速标识会让人自然而然地减速 10%，并保持这一速度行驶数公里。这时，测速标识就变成了能改变我们行为的反馈装置。

这不仅仅适用于交通安全，我们衡量的所有事物都能因之得到改善。所有的反馈系统都可以将我们的表现提升 10%，考虑到你可以影响的自我表现，10% 也不可小觑，有时还会更多：当我换车时，我发现了一个有趣的功能——油耗的可实时化显示。通过这个功能，仪表盘会直接显示出我每升汽油能跑多少公里。这个数据会根据我的驾驶风格实时变化（起步是否太猛，档位选择是否正确，有没有在不必要时刹车，等等）。自从有了实时油耗反馈，我更加注意自己的开车风格，并且发生了一系列很大的改变：耗油更少了，对环境的影响也就更小①。反馈不仅能帮助我们提高身体表现（踏板操爱好者喜欢看锻炼时消耗了多少卡路里，这对他们来说是一个激励，让他们更加努力），还能强化记忆，从而更快地学会最有用的行为。试想一下，如果一个高尔夫球手无法知道自己刚刚击出的球去了哪里，那他可能练一整天也不会有一丁点进步。

于是，思考想培养成习惯的行动如何获得反馈就变得十分重要。根据这一点，首先可以帮助我们的是对行为意图的具体化表述。

“我想吃得更健康”“我想多运动”“我想早上更有效率”之类的话听上去很好，但它们对习惯的定义很模糊，可能会让我们看不到能够取得的进步，以致最终放弃目标。相反，如果我们把行为意图说得更具体，就更有可能坚持下去。

“我每天要至少吃三个水果”“每个工作日早上六点我要跑步十五分钟”“周六和周日早餐后我要为新书写七百字”，这些表述都能让我们更容易地衡量我们的进步。

① 诺贝尔奖得主理查德·塞勒和凯斯·桑斯坦合著的《助推》中有许多例子来说明，如果污染性产品的制造商在设计产品时遵从反馈机制，让用户省着点用，那么对我们的地球将会有很多生态方面的益处。

练习14　衡量以取得反馈

问问自己这些问题——它们会帮助你将习惯尽可能具体化，以便获得反馈——你想每周进行几次新的行为？在哪一天的什么时候进行？要用多长时间？还有其他参数可用来衡量你是否完成了新行为吗？

日常生活中的反馈

最有效的反馈系统之一是核对清单，一些医院已经开始采用这种反馈系统：这是一份程序清单，在执行过程中，必须按它提供的程序去做，做一项勾一项，以尽量降低医生和病人的风险。阿图・葛文德的《清单革命》中就讲述了这种方法的成功范例，作者在书中展示了以核对清单作为反馈系统的医院所取得的成果：其急诊死亡率降低了 60%。

核对清单是一个很好的反馈系统，因为当你一项项地勾下去时，就能很清楚地掌握事情已经进展到什么程度，接下来还应该做什么。这就好像有一个私人助理在你身边，在你完成一件事之后他会表示认可，然后请你接着做日程表上的下一事项。

当与企业家合作，帮助他们加速公司的发展时，我通常会建议建立反馈系统，最直接的就是对公司和员工的绩效进行统计。

我们可以想象有一个“公司仪表盘”，分项列出了支出、应收、已收等数据——这样的精确表格能让企业家一眼就了解公司的经营状况，并且能够通过分析某些特定参数来决定是否需要进行干预，从哪里干预。我们再来考虑一下监控每个月潜在客户数量的重要性。比如，如果一个月内订阅我的通讯简报的人数从 1500 下降到了 1000，并且这种下降趋势持续了好几个月，我的内心就会因此敲响警钟，并会寻求改正方法。统计销售人员每周见了多少新客户，成功签约多少合同，开出了多少发票，这些都是有用的衡量指标，与其说这是为了检查销售人员的业绩，不如说是为了让企业家掌握更多信息，以便弄清如何激励和支持员工。一家公司如果能细心衡量员工的主要业绩参数，就能大大提高绩效。在生产安全方面，我们可以设立一个计数牌，用来显示已经有多少天未发生事故，这样就可以为从事危险工作的工人提供反馈。我们也可以制定详细的核对清单，说明避免风险的动作程序和方法，或者每月公开奖励那些报告厂内安全隐患的员工，以强化这种行为（埃尼集团在厂区执行打分制，员工有安全行为加分，有不安全行为则减分）。所有这些都在告诉我们绩效到底怎么样，并以此让大脑重新获得在当今环境下缺失的东西——也是它发挥最佳作用十分需要的东西——那就是反馈。

在日常生活中，我们需要学会的就是增加一个反馈系统来支持要养成的行为。我们已经看到了心态、习惯解析和环境的重要性，现在我们要增加一些反馈，以便了解我们的进步情况。

比如，如果你的目标是每天联系 100 个新客户，那你就可以采用一种非常简单却出奇强大的反馈办法：准备一个装满回形针的瓶子和一个空瓶子，每打电话给一位客户，就从满瓶子里拿出一个回形针放到空瓶子里，始终如此。每天早上坐在办公桌前，你不可能看不到回形针（信号），它提醒你要做的事情：打电话（行动）。到下班时，你可以看看空瓶子里放了多少回形针，这就有了反馈。不仅如此，回形针从一个瓶子到另一个瓶子的过程也可以让你监测进度。此外，随着回形针转移得越来越多，你的动力也会越来越足，因为这意味着把第一个瓶子拿空的最终目标越来越近了。

如果你想养成每天做 100 个俯卧撑的习惯，也可以做一样的尝试：在一个瓶子里装 10 个回形针，每做 10 个俯卧撑就拿出一个回形针放到空瓶子里。如果你想每天喝 10 杯水（相当于通常建议的每天 2 升）呢？喝一杯水，转移一个回形针。

美国作家、企业家、营销专家赛斯·高汀说，长期改变行为的最好方法是采用短期的反馈。我们永远都不应该忘记衡量自己的进步，以免看不到在追求目标的路上到底走到了哪里，因为不这样做，我们的大脑就会觉得一切都徒劳无功。当我决定每天都表达感激之情后，就会在做到的那一天在日历上画个红色的叉来标记我做到了，这样我就能掌握自己的行动情况。不仅如此，随着时间的推移，这项本来琐碎的事情对于我来说就已经不是一种麻烦，因为我兴致勃勃地想要红叉连续不断地出现。

如果我们要使用这种“连续签到”的方式，就要给自己定下规矩：永远不能断签连续两天（最好一天都别断，零无效日，还记得吗？）。不过，如果不得已断签了两天，最好有一个应急计划，比如“如果断签了，我就……”例如：如果早上没运动，那晚上我就要对这一天进行反思并表达三个感激想法；如果早上没遵守制订的饮食计划，那晚上我就要做出更为健康的食物。

总之，我建议你始终要有一套反馈系统，并做好应急方案，以便监测自己的表现，确保永远不会中断为了养成新习惯而启动的链条。

在本书的最后一部分有一张“进步度量表”，你可以用它来跟踪自己每天的进步。当你完成想要培养成习惯的动作后，就在相应的圆圈中打叉或涂满。这样，你的进步就有了即时的反馈，并且能帮助你保持投入，或是做出调整。

公司中的反馈

为了让某位同事获得成长而提出的工作反馈是一种特别棘手的反馈类型。

如果沟通得当，反馈不仅是提高绩效的最有效工具之一，还可帮助我们避免误会，创造责任共担的氛围，减少对等级制度和死板规则的依赖。

不过，在公司中鼓励直言不讳地反馈是很艰难的。在《不拘一格》中，网飞（Netflix）的创始人里德·哈斯廷斯谈到了在不伤害接受者感受的情况下提出反馈的方法。

他提倡的第一步绝对是反直觉的：不是让领导给下属提供太多反馈，而是反过来，让下属给领导提供大量坦诚的反馈。如果这一步成功了，那就能开始体验在工作中有话直说的巨大好处。

通常来说，在大公司中，一个人的职位越高，收到的反馈就会越少，这样显然会增加犯错的概率，而且那些错误在别人看来都很明显，只有犯错误的人自己看不出来。这不仅影响工作，还会很危险：如果一位助理点错了咖啡没人告诉他，这没什么大不了的，但如果是首席财务官弄错了财务报告而没人敢提出异议，那公司恐怕就离关门大吉不远了。

网飞的管理人员让同事们真诚提意见的第一个技巧就是尽量鼓励。一个很好的例子是，在单独面谈的开头或结尾，主管都会留出反馈时间。在一开始或最后加入反馈时间很重要，因为这样就明显将反馈与其他工作讨论区别开来，无形中提升了它的重要性。此外，接受反馈时一定要心平气和，要让提出反馈的人知道他不需要担心什么，并对任何批评都要表示感激。总之，要传达的信息是员工真诚地提出反馈，会让他成为团队中更重要的一员。

在里德的宝贵指导意见之外，我还想补充来自自己经验的两点。第一点是团队里优秀的人越多，这个方法越管用，收到优秀的人的反馈肯定会让你有所得，而如果听从懒散、沮丧、愤慨之人的建议，就没那么容易提高。第二点是提出反馈的方式要让人能听进去，通常应该遵循这样的结构：先真诚地称赞，再提出批评，最后再次真诚称赞。也就是说，要把最令人不舒服的部分夹在两个真实的优点之间，这样就能淡化人在受到批评时通常都会有的被攻击、被鄙视的感觉，反馈也就能被更好地接受。

习惯10　用10枚硬币改善人际关系

我所看到的最能改善人际关系的习惯之一，是对周围的人表达欣赏。我们中的许多人都有一个坏习惯：只看得见伴侣、孩子、同事的不足，却容易忽略他们的优点和良好行为。这实在是大错特错，周围的人需要我们的欣赏，这种宝贵的“燃料”能让他们更充分地发展。赞美只要是真诚的，就能增强对方的自尊，让他感到被认可，激励他继续做已经在做的事情，还能挖掘出他的潜力。

这种健康的人际关系习惯可以借由反馈轻松实现。最近，我给自己定了这样一个规矩：每天早上在牛仔裤右边的口袋里放 10 枚 1 毛钱的硬币，总共一块钱（还记得超市那一课吗？如果你和我一样惯用右手，就更可能掏右边的口袋）。在我每天进行日常活动的同时，口袋里的硬币会叮当作响，对于我来说，这就是一个提醒我做出自己想做的动作的信号：在一天当中向亲朋好友表达 10 次赞美之情。每完成一次，我都会从右边的口袋拿出一枚硬币放进左边的口袋，直到一天内拿完为止。

现在，表达赞美已经进入我行动和思考的日常，我已经不再需要一个系统来帮我维持，这个动作已经自动化，成了我的一部分。

习惯 11 待办事项清单

主要是基于反馈养成且让我的日常有了非常大改变的一个习惯是写“待办事项清单”。

有很多种工具可以用于创建待办事项清单：你可以使用应用程序，也可以将其写在本子上。我个人更喜欢应用程序，但有时也确实需要白纸黑字把各个事项写下来。“写下来”这个动作本身，就会让我马上释放出大脑空间，更静心地专注于“此时此地”所做之事。而且，这样做还能避免遗忘。事实上，在完成某项任务之后，我就会打开待办事项清单，根据手头现有的时间决定下一项要处理的任务。完成一项就划掉一项，这样就有了明确的反馈（划掉这个动作就是反馈），告诉我可以进行下一项任务了。

到了晚上我会收获很强的满足感：当我查看当天开始写下的清单时，发现许多事项都已经被划掉了。这就能让人收到积极且鼓舞人心的反馈，它表明自己在工作中有所进展，完成了任务并推进了计划。划掉清单中的某一项是很有成就感的事，所以我建议你从简单的任务入手，或是把很费劲的事情分解成许多容易做到的小任务，尤其是在刚开始培养这种习惯时。这样一来，一天结束后划掉的任务就会有很多，成就感也就会更大。

创建清单的实用建议

创建待办事项清单有多种方法， 我自己用的是史蒂芬·柯维在《要事第一》（*First things first*）中所介绍方法的改良版，也就是根据事项的紧迫性、重要性来分组。

在清单的最上面（我称之为第一梯队），我列出了既重要又紧急的事情。比如，再过一遍第二天约见重要客户时要演示的PPT。

稍微下面一点的是第二梯队，是重要或紧急二者占一的事情。比如，发邮件让人来面试（很重要，但不紧急），或是去邮局支付快到截止日期的账单（不重要，但很紧急）。

最下面的第三梯队是既不重要也不紧急的事情，我会尽量让别人来做或者在碎片时间做，或是在我感觉很累的时候做，因为做这些事不需要全神贯注。

还可以按不同标准创建多个列表。比如，按所需时间长短创建的话，我在两个约见中间相隔的 15 分钟里，就可以看看有什么事是可以完成的。也可以按地点创建，因为有些事只能在办公室做，有些事只能在家做。还可以按事项的性质创建，比如要打的电话、要发的邮件等。

但我还是建议你从一个列表开始，记录所有想到的事情，并按优先级排序——可以按照上述的办法。慢慢地，你会找到自己的风格以及最适合你日常生活的方式，变得比以前更高效。试试看就知道效果啦。

和心理学家乔治·纳尔多内[①]讨论过史蒂芬·柯维的重要性和紧迫性划分法之后，我们有了新的思考。如果出于某些原因，我们对有些事情实在没有兴趣或意愿去做，那仅仅把它们写在清单上以示重要性或紧迫性是不够的，这并不足以推动我们去行动。其实，在这些情况下，我们很清楚应该去做什么，但就是因为所谓的心理“抵抗”而拖着不去做。而在面对自己不喜欢的任务时，我们就会产生这种“抵抗”。

为了应对日常生活中的这种情况并解决这个问题，纳尔多内建议在重要性和紧迫性之外再添加一个标准。他认为这个标准很重要，因为它是以愉悦为基础的。他的独特方法是给一天的各个时刻“注入”快乐，以支撑自己完成不愿意做的事情，具体做法如下。

① 乔治·纳尔多内，世界著名心理学家，战略心理治疗的创始人，最受欢迎的科普作家之一……也是我的老师。幸运的是，每当我有新项目筹备时（包括本书的创作），总是能找到机会与他讨论。在写这本书时，和他的讨论让我产生了新的思考，并补充了部分内容，他的常规日程就是其中之一。

习惯 12 乔治·纳尔多内的常规日程

乔治·纳尔多内的一天始于他喜欢并能激活他的事情：一顿悠闲的早餐，布置餐桌，和妻子聊天，和小女儿玩耍。然后去做对他有用他也并不讨厌的事情：读两份不同风格的日报，看电视新闻。再然后是对他来说不可缺少、他也不介意做的事情：30 分钟的武术训练。最后才是他不喜欢但又不得不做的事情：阅读可能很枯燥，但为了研究或工作又必须了解的文献。至此他会继续去做所有必须要做的事情——工作，不管喜不喜欢（大部分情况下还是喜欢的）。一天的工作结束后，他又会去做自己喜欢同时也能让自己放松的事情，比如看电影、下棋，与亲人共处，和爱人一起入睡。就这样，快乐以不同的剂量被分配到一天的各个时刻，成为一条无形的细线，在所有活动中感染着他，像灯塔一样指引着他，带着他完成那些哪怕他没兴趣、不想做的事情。这些事情在他的日常中变得更容易完成，它们很快就会让位于其他快乐的活动。因此，不要忘了在柯维的“重要性和紧迫性”标准之上再加一条纳尔多内的“愉悦度”标准，希波的奥古斯丁就深谙此道，他曾经说过：没有人能够放弃快乐而活着。

习惯 13 “关机”程序

与反馈密切相关又非常有趣的另一个习惯是“关机”程序，也就是结束工作或是一天完结准备睡觉时的一系列习惯动作。我在离开办公室之前会花点时间再看看待办事项清单，准备第二天的重要事项；在关灯睡觉之前会在脑海中总结一下一天的工作，问问自己哪些可以改进，哪些可以避免，我学到了什么，等等。有人会利用这段时间回复一天都没来得及回的社交媒体消息，花15分钟查看自己的社交账号，回复一些评论；有人在关灯睡觉前有一套固定的程序，比如保养、护肤、喝安神茶等；而许多成功的企业家会考虑第二天有哪两三件重要的事情要做。

当然，如何填补这些空白依然没有定规，但我建议你花一些时间去想想如何利用这些指导、创造自己的“关机”程序。

5分钟放空大脑

一项发表于《实验心理学杂志》的研究显示，睡前花5分钟在纸上写下第二天要完成的事情可让人更快地入睡。这个介于待办事项清单和“关机”程序之间的动作可以放空大脑，减少对未来任务的担忧，从而帮助入眠。在这方面，研究人员还提供了一个有趣的细节：实验对象写出的第二天的待办事项清单越详细，入睡速度就越快。

看来，大脑也需要对自己状态的反馈，这是一个重要的步骤，可以帮助你平静下来，安然入睡。

11
生理学和社会环境中的习惯

基因、环境和孔雀鱼

约翰·恩德勒是最早在现实世界中为达尔文的进化论找到具体证据的研究者之一，他提供了环境和基因相互作用导致重要改变的例证。

这一过程通常需要很久才能看出来，而恩德勒关于孔雀鱼（poecilia reticulata）的实验却能让人在很短的时间内就看到自然选择的神奇效果。雄孔雀鱼色彩艳丽，并以此吸引雌性，但这个特征也隐藏着灾祸：色彩越艳丽的孔雀鱼越容易被捕食者发现。基于这一点，研究人员准备了三个装有孔雀鱼的水族箱。

在第一个水族箱里，研究人员放了相对温和的孔雀鱼捕食者，在第二个水族箱里则放了凶猛的捕食者，在第三个水族箱里没放任何捕食者。仅仅过了 20 个月（相当于孔雀鱼繁殖 15 代的时间），在有凶猛捕食者的水族箱中，雄孔雀鱼身上的斑点数量减少了，而在没有或只有较温和捕食者的水族箱中，其斑点数量则增加了。

此外，研究人员还发现，如果水族箱底部是较小的砂砾，在有凶猛捕食者存在的情况下，孔雀鱼的斑点会一代代地变小，从而增加伪装性。而在没有生命危险的情况下，它们的斑点往往会变大，从而让自己更显眼。如果水族箱中的砂砾较大，情况则正好反过来：有凶猛捕食者的时候斑点会变大，没有时就会变小。这类鱼就是在根据环境的危险程度改变外观以适应环境。

之所以提到这个实验，是因为它向我们展示了两种无形力量之间的联系。这两种力量就是生理基础和社会环境。它们和我们已经说过的环境一起塑造着我们的行为和习惯。

基因的作用和生理限制

孔雀鱼的例子向我们展示了行为是如何受到基因和生理基础的影响的，也就是如何受到我们与生俱来、与意志无关的天赋的影响的。我们也已经看到，基因与环境在不断地相互作用，以至于孔雀鱼斑点的大小和数量都会随环境（有无捕食者，捕食者是否凶猛，水底是什么样子）的变化而变化。但是，不论斑点如何一代一代地发生变化，它仍然是雄孔雀鱼的特征，因为这已经写在它们的基因之中。因此，我认为有必要在此谈一谈生理基础和基因的问题，哪怕只是蜻蜓点水——这实在不是我的专业。

正如前面已经说过的，“想要就能办到”“真心想要必能得到”之类的口号越来越流行，但我认为，在促成或抑制某些行为方面，基因的作用依然非常重要，无论如何都不可忽视。难点在于这不是我（及我们所有人）能控制的因素，对此，我能给出的最有价值的建议也只是“尽快意识到它”。

凭着意志当然可以做很多事情，但正如前文所述，向日葵种子永远长不成玫瑰，不管周围环境如何，雄孔雀鱼肯定会有斑点。同样，我们也应当了解自己的基因优势和劣势，根据这些，我们才能制定出真正可持续的改变策略。

练习15　找出你的生理限制

思考一下你想养成的习惯，以及那些妨碍你养成习惯的障碍。有一些是环境因素（最容易纠正），还有一些则与你的生理基础有关。想要区分清楚它们可能并不容易，但开始思考这个问题就非常有意义。

也许你想养成每天写作的习惯以便将来能出书，却发现自己很难找到灵感。做上述思考后，可能你找出的障碍是手机让你分心，而前几节给出的技巧可以帮你解决这个问题。

但就算从环境中消除了这一障碍（以及其他障碍），灵感也可能就是不来。如果你意识到自己并不适合创意类工作（也就是说你可能遇到了生理限制），那就要重新评估自己的优势在哪里，并考虑换一个角度去践行想养成的行为，有时也可能需要你重新审视目标，看看该朝哪个方向努力，该把精力用在哪里。

把天赋和训练结合起来

说到习惯及其对实现目标的重要性时，我最常被问到的一个问题是先天条件（遗传因素、DNA）和后天努力（训练、坚持、决心）哪个更重要?

对于这个问题科学界内外一直都有分歧，有人认为基因是一个人成功的主要原因，另一些人则认为只要坚持训练、全心投入，任何人都能成为第一。如上文所述，也根据科学界对这一问题的最新看法，我认为二者都不可或缺，而不是极端的非此即彼——大部分事情都是这样。人当然可以锻炼自己的能力，但总有一些生理的、遗传的限制，决定了一个人在某条道路上可以走多远。

也就是说，如果你身高 1.45 米，那就算你再怎么努力，也很难成为环球先生或 NBA 最强篮板手。

这就好像基因为我们每个人都设定了一条无法逾越的界线。也确实有一些研究推测，DNA 可以影响一个人平均 30% 的表现。这就意味着，我们在某一领域取得成就的可能部分地被生理禀赋“限制”了。

但积极地看，也可以说遗传基因（给了我们某种“天赋”的基因）能帮助我们朝着某个方向前进。不过，尽管基因可以影响表现，但它并不能决定我们的表现，所以我们不应该把机会（基因）和命运（练习）等同起来。这就好像打牌，就算你有一手好牌，也要好好打才能赢。

如何才能“把牌打好”呢？换句话说，我们要如何最大程度地利用遗传条件？有两条路可走（你很快就会发现第一条路不太可能行得通）：

1. 成为某一领域的第一。这听上去很美好但实际上很困难，因为“第一”只有一个。

2. 走第二条路的人并不多，因为它没有那么“闪耀”，但其实很有效：在某两个领域成为优秀的人。要实现卓越的人生，并不一定要在某个领域成为绝对的第一，成为某两个领域的“牛人”也可以。其实，每个人都至少有两项技能，在这两个领域里做到优秀，即前 25% 就已经足够了，当然这需要努力奋斗、持之以恒。

其实，只要你认真学习、训练、准备，就可以进入前 25%。比如，你虽然不是艺术家，但是你很会画画，同时你又很幽默，知道怎么让人发笑，那么，训练好这两项技能并将其结合起来作为职业（比如当个漫画家），你就能取得出色的成果。如此一来，你可以给别人带来价值（或者说能让他们的生活更美好），又能做到与众不同，而且不会有太多竞争对手。因此，即使你受基因所限而不能成为第一，也可以放宽心。找到两个你擅长的领域，持之以恒地加以训练并把它们结合起来。我就是这么做的：我是一名不错的心理医生，也善于沟通，结合起来就成了我的“特长”——心理学家中懂传播的，媒体人中懂心理学的。

回到遗传和天赋的问题上。孙子曰：“胜兵先胜而后求战，败兵先战而后求胜。”意思是说胜算高才值得一战。同样，我们也应致力于基因对我们有利或至少不是绝对不利的方面。

因此，一般而言，当我们为了达到某个目标而培养重要习惯时，明智的做法是培养和训练那些我们已经有先天优势的方面。如果我们很擅长跳舞，那就好好练舞，而不是非要成为新一代洛奇（体重可能有 70 千克），执着于练拳击。

训练确实能让人进步，打好手中的牌，将潜能转化为现实，但只靠训练是不够的，将我们的志向和天赋相结合也至关重要。

社会环境的影响

我们已经讨论了许多影响行为及培养好习惯的因素：从心理准备到环境布置，从习惯解析到生理基础。最后一个需要了解和研究的影响习惯养成的因素就是社会环境。

人会相互学习。

家庭环境以及父母的教育方式都会让我们更容易养成某些习惯。比如：如果家长整天看电视，那孩子就很可能也会养成这种习惯；同样，如果父母一直看书，那孩子就很可能沿袭他们阅读的爱好。

陪伴我们成长的人，与我们接触最多的人都会影响到我们。试想一下，如果一个人之前一直住在没有人关心环境保护的社区，而后来搬到了一个所有人都进行垃圾分类的社区，那他会怎么样？他可能也会养成将纸张、玻璃、塑料分开扔的习惯，尽管他以前从来没想过这样做。导致这种变化的正是新的社会环境。社会压力能决定一个人的选择。如果我们所处环境中的大多数人都做出了同样的某种行为，那么我们会自然而然地在生活中进行效仿。

我们来看一些研究的成果：

◎看到别人成为母亲的女性更有可能有生孩子的打算。

◎肥胖可以传染：朋友变胖，自己的体重也可能增加。

◎电视节目会相互模仿，造成莫名的“一窝蜂”趋势（雨后春笋般的烹饪真人秀、达人秀等）。

◎大学生的努力程度受同侪影响，这会对他们的成绩产生巨大影响，进而影响他们的前程（看来家长应该少关心点择校问题，多关心一下孩子平常都与什么样的人来往和共处）。

这些都在告诉我们一个残酷的现实，那就是我们喜欢融入群体。我们是如此需要融入，以致有时候明知道做出的决定对自己不好，也会为了归属感这么做。

另一个社会环境决定个人风格和习惯的例子是职场。我经常建议那些即将入职新公司的人仔细观察他未来的同事，因为他很有可能由于在同一空间朝夕共处，最终变得和他们一样。如果你发现和你一个办公室的所有同事下午 4 点就走人，那无论你多么上进、有冲劲、心怀渴望，迟早都会养成和他们一样的习惯。但如果你身边人人争先，那你就会按照自己的特点，慢慢地成为翘楚。大家应该都还记得意大利国家队的球员真纳罗·加图索吧。诚恳地说，他在职业生涯之初并不能算出类拔萃，但他在一流球队踢球（AC 米兰可是史上最强大的球队之一），通过和球队里的一流球员接触（以及不断努力提高自己），加图索得以将自己的特点转化成决定性的优势，从而成了一名伟大的球员。

如果你想成为雄鹰，
就不能和火鸡混在一起。

由此可见，要养成或强化一种习惯，就得与已有这种习惯且已将其融入生活方式的人往来。

有谚云："独行快，众行远。"这句话是告诉我们，利用社会环境的力量来养成新习惯是非常明智的。一个人跑步与和训练小组一起跑步不一样：有同伴的情况会更容易推进习惯的养成。如果你选择的伙伴不在身边，可以每周跟他通一次视频电话。最理想的情况是你和他之前就认识——选择一个了解你、相信你的人，你们就能更好地互相激励。

在培养习惯的过程中，一个常见但我们应该懂得避免的错误是：认为我们可以一个人做到一切，认为自己强大到完全可以独自坚持下去。事实上，如果我们不寻求帮助，一切都会变得更困难。仔细想想，我认识的成功人士都曾向别人求助以实现更快速的成长：了解如何应对不可预见的问题，享受不同观点互相碰撞的乐趣，弄清自己的错误并加以修正。

成功始于寻求帮助。

就我个人而言，一生中从没有一天不曾向他人寻求帮助。求助的对象可以是书籍、同事、家人，也可以是比我更有经验的专家。总之，至少在改变的初始阶段要学会寻求帮助。如果你想跑步，就加入跑步群；如果想每月读一本书，就和有阅读习惯的人在一起；如果想成为一名素食主义者，就最好不要和烧烤老饕为伴。

练习16 你最常来往的5个人

企业家、个人成长作家吉姆·罗恩曾说过，我们每个人都是最常来往的 5 个人的平均值。所谓“来往”，也可以是阅读某人的书而受到启发，他可能是某位伟人，也可能是某个行业的巨擘。我并不认为自己只是最常来往的 5 个人的平均值，因为客观上还有其他很多因素决定着我们的未来，但不可否认的是，周围的人对我们影响巨大，而且通常我们意识不到这一点。

试着回想一下，你今天接触最多的 5 个人是谁，过去一周里来往最多的 5 个人是谁，过去一个月里约会最多的 5 个人是谁，过去半年里来往最多的 5 个人是谁。把他们的名字写在纸上。想一想他们都有哪些强项和劣势，以及他们会让你有什么情绪。看看他们是能帮助你发挥潜力，还是会束缚、消耗你的潜力。这一部分的练习旨在弄清你所处的社会环境正如何影响着你的人生方向。

接下来，试着想一想，你最希望一直在你身边的 5 个人应该具备哪些特质，并尽可能将它们与日常生活结合起来。

你可能会问，如果希望身边的人是比尔·盖茨或其他遥不可及的人物（也许对方已经去世了，或者和你语言不通），该怎么办？感谢新科技，我们可以与他们进行建设性的、能让人有各方面改变的对话。我们所处时代的巨大优势之一，就是可以很方便地接触到一些在几年前还不可能或无法接触到的人物和内容。比如：你可以订阅比尔·盖茨的 YouTube 频道，他本人会时不时地在上面发布一些视频，包括他的思考和对一些书的评论；或者也可以在领英（LinkedIn）上关注他，这样你就可以接触到他的想法，丰富你的思维和行动方式。总之，努力与能帮你进步的人为伍，与已经养成了你想培养的习惯的人为伍。如果可以，就与他们进行当面交流，不然就读一读他们的书，或者在网上看看他们发布的内容。所有这些都会帮助你实现为自己设定的目标。

以下是我收集的一些好习惯，它们帮我改变了身边的环境，让我能够更加充分地发挥潜力而不是让它沉睡。

习惯 14　每天看一场 TED 演讲

有一段时间，我养成了每天看一场 TED 演讲的习惯，这样每个早上我都会有新鲜、有趣的想法来开始新的一天。这种演讲一般每场 18 分钟左右，由科学、艺术或文化界人士来阐述某个因为能改变世界而值得传播的想法。观看这些简短的演讲无须付费，使用的语言通俗易懂，通常还很激动人心，让听的人印象深刻。我本来是为提高英语水平才去培养这个习惯，结果却是一举两得，它让我在两个重要的目标方向上都有了提高：每天学习新思想和学习英语。

习惯 15 智囊小组

从自由职业者转变为创业者的职业生涯中，有一个习惯帮我上了一个台阶。这个习惯就是连续几个月参加“智囊小组”。

一个“智囊小组”由四五个人组成，他们来自不同行业，但专业水平相近，也拥有共同的抱负。他们每个月聚一次，用一晚上的时间讨论在专业上实施的成功和失败的行动。每个“智囊小组”的组织形式都不同，具体取决于参与人员认为怎样最有效。在此，我介绍一下我所在的小组是如何“运行”的。

第一次见面时，我们每个人都做了自我介绍，说了自己的强项和想要达成的中长期目标。然后，每个人都介绍了自己准备采取的行动，并听取了其他参与者的意见——每个人都要根据自己的经验，讲述一下如果是自己会怎么做，因为大家来自不同行业，思维模式自然不同，但所采取的行动都同样有效，所以提出的观点都让人受益匪浅。

每次会议上，每个人依次讲述自己的目标和行动，收集其他参与者的反馈。在下一次会议上，大家先一起分析所发生的事情，然后再讨论目标和行动，为接下来的会议做准备。

将这种会议融入我的社交环境（每个月一个晚上，大约四个小时，也就是“简单到无法说不”），让我得以吸收新的想法和能量，引导我向新世界敞开怀抱，并让我体验到了原来根本不会遇到的情况。

习惯 16　培训

加速个人和职业成长的重要习惯之一就是投资自己，接受培训。每个人都想要得到更多，但很少有人愿意付出相应的代价来获取自己想要的。我认识的很多人，都想要更好的婚姻生活、更亲密的朋友、回报更高的工作，但很少有人愿意自己先行动起来，成为满分伴侣、铁杆好友、更有能力的专业人士。我们取得的成果很少会超越在相应领域做出的准备，因此我们永远都不应该停止学习。放到实践中，就可以是参加培训、进修、阅读书籍、观看 YouTube 上的视频，这些都能启发我们，给我们带来新的想法。从培养新习惯的角度出发，我们可以认为：从来没参加过任何培训的人很难从一无所知到每周参加一次硕士学位课程（可能还很贵）；如果到现在为止最多只是在社交媒体上看过一些励志箴言，那么也很难做到每年阅读 20 本个人成长方面的书。不过，有一些工具可以让我们循序渐进地接触培训。这些工具通常无须花费太多精力或金钱，还能帮助我们充分利用时间。想想播客或有声书，当我们在邮局或在超市购物时可以毫不费力地收听，还能关注感兴趣的内容。YouTube 的世界也可谓浩瀚无垠，在那里你可以找到时间长短各异，涉及几乎任何主题的内容，能给人带来的改变绝对不可小觑。

在我父亲的时代，参加培训面临的主要问题是内容难获取，这可能会阻碍人们养成这种习惯。比如，个人培训领域的各种“大师”都把报告、研讨会录音、文件等卖得很贵，而如果你正忙于其他事情，就会担心自己错过了很多，而别人可能比自己知道得更多。有了网络和各种社交媒体之后，突然之间，任何人都可以轻松、即时、免费（即使不免费，价格也可承受）地获得和分享信息。自 2010 年以来，对内容难获取的焦虑已经不复存在，现今的问题是可获得的信息太多，却没有足够的时间来吸收。

就我而言，我需要接受数字领域更便捷的新媒体培训。要跟上这一领域的变化，同时还要开展心理医生、创业者的工作，就很难经常性地参加研讨会、阅读书籍，学习该领域最新成果的视频课。于是，我订阅了一份付费的新闻通讯，每周一次，每次只需用几分钟就能获得行业的最新资讯。

现在这类服务有很多，有些甚至还是免费的。它们涵盖的主题五花八门，从内容营销到房地产投资，从运动健身到王牌销售策略，从提高写作能力到个人成长。我们要不断去尝试，以找到适合自己的方法。

第四章

通过 1% 法则实现目标

12
在 40 岁时轻松恢复身材

在本节中，我想说明一下我是如何用 1% 法则来实现宏大而困难的目标的：在 40 岁时恢复身材。

事实上，我在本书中提出的体系既可用于养成简单的好习惯（比如多喝水，表达感激之情，冥想，使用牙线），也可用于生活中的转变。我就是这样做的。

在 37 岁时，我感觉自己有必要重新衡量一下人生的轻重缓急。在那之前，我从来没把健康放在首位过。虽然我不是那种完全不顾身体健康的人，但也没有做过什么特别的事情来保持健康。而且，我曾一度习惯每天吃一个冰激凌。

也许是因为年近四十，也许是因为肩上的担子越来越重：既要抚养三个孩子，还要承担越来越多的公共服务角色，我问自己：“怎样才能不短命，活得更久一点？或者至少尽可能清醒地老去？”

1. 价值关联

正如我们在第 8 节中看到的，当设定的目标与价值取向一致时，也就是说，当车厢与车头很好地结合在一起时，改变之路就会十分顺畅。如果我觉得存钱没什么用，那就很难做到每月往养老基金里存几百元；如果我觉得成长和进步完全与自己无关，那就很难每个月读三本新书；如果我对健康的价值没有强烈的感觉，那也就很难坚持训练计划。

因此，要想让自己坚持健身而不只是三分钟热度，我要面对的第一个问题就是想办法在目标和价值取向之间架起一座坚实的桥梁。于是，我从内心根深蒂固的基本价值取向入手，试图以某种方法将其与精力充沛、健康长寿这一目标联系起来。

我考虑了“家庭”的价值，这绝对是我前三大价值取向之一。我想，如果我能活得更久，就能有更多的时间照顾家人，看着我的孩子们成长。建立这样的联系给了我很大帮助，因为它让我看到现在更关注自己身体会给以后带来哪些积极影响，这直接为我实现目标的决心提供了巨大动力。能和孩子们共度更多时光触及了我价值层次的核心，让我充满宝贵的能量，能够推动“改变之车”的车头全速前进。

接着我又考虑了“利他”的价值，这是我的另一个大志向。

我也试着将其与目标相连，寻找、加强其与目标之间的联系。写这几页内容时，我已经 42 岁，有几家公司、30 多名员工和 80 多万粉丝，他们关注我就是为了寻找可靠的工具来改善生活，哪怕只是一点点的改变。每当我感到难以坚持健身的目标时，我就会想，如果我能健康、有活力地老去，我还能多写多少本书，多给粉丝更新多少 YouTube 视频，多发起多少个有新意的心理学普及项目，这些都能赋予我坚持实现“40 岁恢复身材”的目标以极强的意义。

最后，我分析了我对保持健康的认识。正如本节开头所说，我与健康的关系还有很大的改进空间。于是，我尝试运用“基于价值的习惯”一节中讲过的办法——可以多接触注重健康的人。可惜，在我的朋友圈中并没有很多这样的人，而且少数几个这样的人也很难约到。

于是，我决定采用其他方式，而不是非要和人见面。怎么做呢？阅读健康养生书籍，观看讲述各种饮食及其对健康影响的电视纪录片，收听关于如何活得更健康的播客和有声书，等等。

调试好火车头的动力之后，我就转到了下一节车厢——思想，专注于想要养成新习惯时最最重要的事情：1% 法则。

2. 1% 法则

之前，我曾买过几次健身房的会员卡，想着从零基础直接变成每周健身三次的达人。结果可能和 90% 的人都差不多（可能你也一样）：第一周坚持下来了，但不久之后就开始找各种理由不再去了。

改变饮食亦是如此：每个人都知道应该多吃水果蔬菜，但总有这样或那样的原因，让我们在坚持了一段时间之后，又吃上了不太健康的食物。

认识到过去的错误，我发现不能急于求成，而是要一小步一小步地去实现生活方式的改变。

为了恢复身材、健康生活，我找出了几个需要改进的方面：

◎饮食：我的饮食习惯一直都不健康，很多方面都需要调整。含糖量高的食物我一直都吃得太多，肯定要舍弃，还要用全麦食品代替精面食品，多吃水果和蔬菜，并把干果加入日常饮食。

◎营养补充：我觉得有必要弄清保健品是否有助于恢复精力，以及它如何起作用。从难度上来说，每天吃几粒药对我来说不是难事，我可以马上将其加入日常活动当中。但是，如果我想把这件事做好，就需要去体检，做相应的血液检查，以确定哪种保健品对我真正有用。问题是，我一直非常害怕扎针抽血，当然也就一直拖着没去做检查。

◎更好的睡眠：睡眠的质量和时间对白天的精力、清醒度和注意力有巨大的影响。剥夺睡眠作为严刑逼供的方法之一已经不是什么秘密。由于家里有三个孩子（而且都很小），还有两只到了晚上就活跃的猫，睡个好觉对我来说简直是妄想，而且这种情况可能还要持续一段时间。尽管如此，我还是希望自己能做些什么，即使不能改变睡眠时长，至少也要提高睡眠质量。

◎多喝水：养成适量喝水的习惯就能让人精力充沛、保持健康，这简直不可思议。虽然喝多少水与个人体重相关，但每天喝个几升总没坏处，而我肯定没喝够。

◎注意保养：很多习惯既有利于身体也有利于心灵，一举两得。比如，刷牙后使用漱口水，涂面霜护肤，或者喷点自己喜欢的香水。有些人会认为这些小举动不过是出于虚荣，某种程度上也许是，但这些动作不仅有利于我们的身体，从心理学的角度来看，每天保养好自己的外表也是一件很有力量的事，它能增强我们的自尊，给我们更多的自信，促使我们善待自己。我自己在早上除了洗脸、刷牙，没有遵循什么其他习惯，甚至一想到自己站在那里涂面霜都会觉得好笑，不过我承认这样做对外表及其他方面都有好处。

◎运动：我年轻时曾练过一段时间的拳击，但之后多年都不再运动，现在想重新开始运动。但是，我运动的愿望并不强烈，因为一想到又累又要出汗，我就忍不住一推再推。

以上列出的当然只是可以让你健康生活的一部分习惯，其实还可以做更多，冥想、注意调整呼吸，等等。不过，上述需要监督和改进的事情已经很多了，也是我最愿意投入的，所以我决定先不讨论其他了。

思考过上述六点之后，我对自己说："好吧，要改变的真不少，同时下手可能很快就放弃了。就试着利用 1% 法则，看看能朝着改变迈出哪些小步伐，且不会太费劲。”

第一个步伐就是喝水这样容易的事。我对日常生活做出的第一个改变就是每天醒来先喝上一大杯水。这个小小的举动其实对身体有很大的影响。睡了一夜之后，我们的身体已经处于脱水状态，而喝水能唤醒我们的机体，给它最需要的东西。

整整一周的时间里，我起床后的第一件事都是喝一杯水。如果保持这个习惯有困难，我就会想办法改变环境，让喝水“简单到无法说不”。具体怎么做？可以前一天晚上就把一杯水放在床头柜上。

还是以 1% 的思路来思考，我问自己：“怎样才能改善饮食的 1%？”这似乎有点复杂，我找不到答案，需要我改进的方面太多了，而我不可能一蹴而就。于是我对自己说：“简单一点吧，就先从一件事着手，比如控糖，然后再想办法每次改进 1%。”

于是我想到：“我可以在咖啡里少放半勺糖。如果每天喝两杯咖啡，那就少摄入了一勺糖，一周就是七勺，一个月就是三十勺：很不错啊。”

就这样，我从控糖开始，一天天、一点点地改变着饮食。首先，我的咖啡里完全不加糖了，然后，我在一周的早餐中少吃一次甜面包：每周三改成吃一根香蕉而不是羊角面包。为什么选香蕉？首先因为它是水果，当然还因为它吃起来很方便，不用洗也不用切，几口就能吃完，也能填饱肚子。

香蕉越来越多地出现在我的早餐中，完全取代了奶油甜面包，后来我还在早餐里加了一点干果。

渐渐地，我以一次 1% 的速度逐渐养成了之前设定的各个习惯。现在我可以说，虽然自己的生活方式离完美还很远，但是已经比之前健康多了。

3. 培养习惯

现在让我们来到“行动”车厢，仔细看看我如何用“1% 法则”逐渐实现了上述所有需要做出的改善。我不是要给出一个适用于所有人的习惯养成方式（每个人都要量体裁衣），而是想让大家思考如何将前述的理念付诸实践。

你会看到，我并没有使用本书提到过的所有办法，因为它们并不都适合我。有时，只需要两三个仔细设计过的方法，再加上价值参考、1% 法则，就能取得非常好的效果。

饮食

我的经历

如前文所述，我从控糖开始（咖啡里逐渐不加糖）改变饮食，然后是去掉早餐中的甜食，再然后晚餐中的甜食也被去掉了。不过，我决定一周保留一次破例的机会，结果发现这是非常明智的决定：不仅不会完全吃不到自己喜欢的甜食，而且在吃的时候还会更仔细地品尝，而不是囫囵吞枣。

在限制甜食的同时，我也寻找了一些替代品。这些替代品主要有两个特点：吃起来方便（拆开即食），饱腹感强。我选择了多种食物的组合：剥好的干果，苹果（洗净后带皮吃）、香蕉和胡萝卜。

我在家中常备这些食物，并且思考如何在环境中突出它们，以便在我饿的时候更容易选择它们。

这一点很重要，因为我有三个孩子，所以家里到处都是零食、饼干等不符合我想要采取的新生活方式的食物。

现在，每当我饿了的时候，我就有了以前没有的选择：吃孩子的零食，抓一把杏仁，或者拿一根香蕉。为了方便自己采取符合新生活方式的行动，我把干果装在透明瓶子里，并放在厨房柜面上的显眼处；还把水果从冰箱里拿出来，摆在桌子上一眼就能看到的地方。

迈出最初的这几步之后，我的饮食结构在几个月内就大为改善。后来，我又增加了几项内容：用全麦意面代替精面意面，控制肉和鱼类的摄入量，还根据营养师的建议做了其他改进。当然，还有许多地方需要改进，但我已经在饮食方面实现了这么多改变，这让我对未来更乐观，更加充满希望（也在日常为我注入了宝贵的能量）。

对我有用的

信号：放在柜面显眼处的干果，从冰箱拿出来放在桌子上的水果。

简化行为：我选择了易拿、易洗、易吃的水果，干果已经去壳，吃起来也很容易（当然还要注意不要超过每日推荐的摄入量）。

设置环境：把储藏室里的精面意面换成全麦意面，在速食零食之外，让自己有个更可靠的选择。

反馈：我曾想过每喝一杯无糖咖啡，就往透明罐子里倒一勺糖，以作为我少摄入多少糖分的反馈。实际上我已经足够坚定，不再需要这么做。

支持习惯养成的社会关系：通过了解和阅读有关饮食的书籍（或者听播客），我仿佛与那些已有此习惯的人进行了一种持续性的对话。这在某种程度上感染了我的思想，从而影响了我的行为。

营养补充

我的经历

正如前文所说的，对我来说，我在这方面最大的困难是须克服我对验血的恐惧。

为此，我做了以下三方面的准备：

首先，我更多地去了解补充营养可以给我带来的好处。这增强了我实现目标的意愿和动力。

然后，我努力向自己害怕的事情一次前进 1%。比如，我并不害怕体检，所以我预约了体检。而且这是为了量身定制一份营养补充计划而必须做的事情。但见过医生之后，他的话让我相当害怕。他要求我做一系列的检查，虽然并不包括抽血，但事实上已经让我意识到验血是当务之急，只有验了血，才能确定下一步怎么走最合适。

最后，这种害怕推动着我去思考自己要如何对待健康，也就是我如何看待健康这件事。如果我想在恢复身材和活得更好（也更长久）上有突破性进步，那就必须面对抽血化验。

有了更大的动力，我便预约了抽血。我还努力提醒自己为什么要这样做：为了孩子们。为了他们，我要好好活着并且保持精力充沛：给他们一个不会一直疲惫不堪的父亲，不会在晚上他们还精神抖擞时就困得睡着了的父亲，最重要的是给他们一个身体健康，能够给他们所需，陪伴时间足够的父亲。价值取向和动机是我克服这方面障碍的最有力武器。

知道了每天要吃哪些保健品之后，最难的就是记住哪些在早上吃，哪些在晚上吃。我专门在厨房的墙上挂了一份漂亮的日历来解决这个问题，它既是提醒我吃保健品的信号，又能提供反馈，因为每次吃完我都要在日历上画个叉。日历离水槽很近，这样我早上起来喝水时（我总在水槽边喝水），就会把吃保健品的动作与已固定下来的喝水习惯联系起来。

对我有用的

信号：喝水也是吃保健品的信号，水槽旁的日历是进一步的信号。

简化行为：一次一点慢慢向害怕的事情（抽血）靠近。

增强动机（感受、预期、社会支持）：通过学习、阅读，与已经在吃保健品的人交流，让自己越来越知道这种行为的益处，把它与自己的价值取向和看重之事联系在一起，努力激发起全部动机来克服恐惧。

环境设置和反馈：有意摆在厨房显眼处的日历起到了这两重作用。

社会关系：通过获取相关信息、阅读有关营养补充的书籍，我仿佛一直在和有吃保健品习惯的人对话。这在某种程度上感染了我的思想，进而影响了我的行为。

更好的睡眠

我的经历

饮食改善了，营养补充计划也开始奏效，于是我的行动转向了如何改善睡眠。

对我来说，增加睡眠的时间比较困难，我很快就意识到这不是我该走的路：孩子们半夜醒来我不能不管，提前 30 分钟睡觉也不可行，因为晚上的时间对于我来说很宝贵，要用来阅读或陪伴妻子。

于是我试着在睡眠质量上下功夫。

首先，我换了更舒适的床垫和枕头。花点钱没什么，毕竟人生有差不多三分之一的时间都要躺在床上度过，花这些钱并不是浪费，而是对我的健康进行投资。

我还改造了卧室的百叶窗，之前的会透光，改造后则实现了全遮光。

白天我会给卧室通风换气，并在卧室加装了空气净化器。实际上，由于各种原因（在此就不细说了），室内的空气质量可能比室外还要差，污染程度可达室外的五倍。因此，做一点小小的改变，就能帮我们的肺一个大忙。

最后我还开始监测睡眠，这样我就可以看到睡眠的时长和质量（应该只是近似测量，但在这种情况下，有总比没有好）。

做完这些卧室改造之后，对我来说，早一点上床睡觉变得更容易了，我可以在固定时间上床。当然，还有其他对于睡个好觉很重要的因素值得关注，比如房间温度适宜、降噪，睡觉之前做一些呼吸练习，等等。

对我有用的

设置环境：睡眠改善初期，90% 的因素都在于此。一旦环境设置好，以后就不用再做任何事情。更换床垫、修整百叶窗只需要做一次，以后的每个夜晚都能持续为你带来好处。空气净化器也不需要太多的维护，根据使用情况一年左右换一次滤芯即可，其他都不用管。

反馈：睡眠监测器提供了宝贵的反馈。这一点很重要，因为当早上看到自己睡得更好或更久时，就会更有动力去做出进一步优化。

多喝水

我的经历

地球表面有 71% 的面积被水覆盖，人体也主要由水构成，如果不喝水，人在几天内就会死去。

水对我们来说很宝贵，原因有很多。比如，它能帮我们排毒，促进新陈代谢，对皮肤、肌肉、脏器包括大脑都有好处。

正如前文所说，我朝着多喝水迈出的第一步，是每天早上起床后就喝满满一大杯水。

在吃保健品时我还可以再喝一杯。但是，早上 9 点到晚上睡觉之前如何能喝更多的水还是个问题。为此，我买了一个 1 升的带刻度的水壶（玻璃的，保存水更好），并放在办公室里。

早上一进办公室，我就把水壶灌满。这一壶要在午饭之前喝完，之后再灌满，并在 19 点之前喝完。这样，我就在上、下午各喝了 1 升水——目标达成。

带刻度的水壶非常方便，因为它也提供了一种反馈：到了什么时候就应该还剩多少水——上午 10 点应该只剩四分之三，到中午 12 点基本喝完。我还买了水壶专用的滤芯，让水呈弱碱性，同时去除了水中的氯，防止细菌滋生。

对我有用的

信号：带刻度的水壶放在办公桌的显眼位置，这是一个明确的信号，提醒我每小时必须要做的事——喝水。而吃保健品时也喝水，则是一个行为充当下一个行为的信号。

设置环境：水壶的滤芯就是结构性的改变之一，能直接为你带来好处而不用你费心。我知道每三个月要换一次，于是在电子日历上设置了重复的提醒。滤芯也可以用订阅的方式购买，每三个月自动寄送到家，这样更方便。

反馈：水壶上的刻度就是清晰的反馈，一直在告诉我已经喝了多少水，还要喝多少水才能达到目标。

注意保养

我的经历

我从来没有特别注意过保养外表。我知道早上出门前或晚上睡觉前可以做一些有利于健康和形象的事，但从来没有特别的兴趣或意愿去付诸实践。

不过当你开始注意饮食、睡眠以及精力时，对之前不以为意的东西也会有新的看法，类似第 7 节谈到的“关键习惯”机制，一个小改变可引发一系列好的连锁变化。

如果我从保养开始改变生活方式，很可能很快就会放弃，但现在看到自己竟然能实现并维持那么多宝贵的小改变，激动之余就决定也着手保养这件事。

我开始每天早上刷牙后使用漱口水，并发现这 30 秒其实很令人愉悦，因为我喜欢口腔里的清凉感，提神醒脑，还让我知道自己在保护牙齿（考虑到要定期做牙科检查，这也是在保护钱包）。问题是要记得去做这件事，所以我决定把漱口水放在水槽边上。

一段时间之后，我决定晚上在睡觉前也使用漱口水。

从那以后，我以漱口为中心一点点地增加了其他小动作：从使用牙间刷到涂保湿面霜，从喷一点香水到洗脸时使用适合自己肤质的香皂而不是随便用一块。结果是我每天早上要多花四分钟洗漱，但我感觉自己得到了善待，这也反映在我一天的态度上。

对我有用的

信号：摆在洗手间水槽上的产品都是信号，每个产品都在提醒我使用它。这里还利用了连锁反应——刷完牙后我知道要用漱口水，漱口的同时我也涂面霜，之后是香水，等等。

简化行为：我从小方面开始，一次做一个，必要时将其分解成更容易做到的事情，比如牙间刷只用在我觉得更需要用的牙齿上，而不是所有牙齿。

运动

我的经历

对我来说，运动是最难坚持的习惯，所以，我并没有首先着手进行运动以将其纳入日常，而是先在其他想改变的方面花时间。

我开始得非常不专业，没有根据我的需要和具体情况制订训练计划，这对于增肌也无甚帮助。

正如我经常说的，刚开始最重要的不是做到完美，而是开始做并逐渐养成做某个动作的习惯，对特定行为用心投入。

于是，我从每天做 5 个俯卧撑开始了运动。这对于我来说很方便，因为这不需要垫子或者其他器械，无论是出差住酒店还是在舒适的家里，每天早上我都可以做 5 个俯卧撑。

一旦不再为起床后要小小地运动一下感到困扰后，我决定增加 1% 的努力：再做 10 个卷腹。

做 5 个俯卧撑和 10 个卷腹不会耽误我太多宝贵的时间（一开始很难腾出时间来做这些事），又能让我运动一下。而且，坚持每天做 5 个俯卧撑和 10 个卷腹，一个月就是 150 个俯卧撑和 300 个卷腹，12 个月就是 1800 个俯卧撑和 3600 个卷腹。相比于一个没有，这已经是我在身体上向前迈的很大一步了。

遵照 1% 法则，我又加上了伸展运动，或者多做几个俯卧撑和卷腹。当时我并不知道只做俯卧撑和卷腹而不练腿是不够的，但在习惯养成阶段这并不重要，重要的是燃起小火苗——点燃内心的激情（见第 5 节），并努力维护，让它越烧越旺，之后我们自然会明白怎样让它烧得更好。

我逐渐增加了每天早上锻炼的时间，最终达到了近 10 分钟。有一天，我觉得自己已经准备好了，可以向前跨出一大步了：请私教指导我训练，为我指点迷津。我要面对的最大问题其实是愧疚感：本来陪妻子的时间就很少，怎么还能每周抽出 60 分钟给自己呢？

解决的办法是建议妻子和我一起健身，一举两得：我锻炼了身体，也能和妻子共度一段时光。

现在，我每周跟随私教西尔维娅健身一次，每次至少 60 至 90 分钟。此外，我每周还会腾出一点时间来自己运动，做西尔维娅根据我的具体情况建议我做的动作。我知道，我举的重量总体过轻，要想有显著效果，就要增加重量，不过我也相信随着时间的推移，一次 1%，我肯定会越来越好。

最近，为了利用在办公室里的碎片时间，也为了在会议与会议之间活动活动腿脚，我买了一个小蹦床，每天在上面蹦几分钟。我知道这听起来很疯狂，但在开线上会议之前跳几下蹦床可以让我精力充沛，以饱满的激情去面对摄像头。我想说的是，一旦你进入了那个节奏，并对正在做的事燃起热情，就会有新的意想不到的想法出现，推动你继续取得成果。例如：我开始对按摩、正骨感兴趣，想知道这对健康有没有帮助；我也试着去了解之前不知道的东西，除了小蹦床还有定制的姿态矫正鞋垫，以及更有骑行效率的车；等等。总之，有许多有力工具可帮你更轻松地实现重大目标，只要你留心去研究就会找到。这依然需要你迈出第一步，再一点点地选择对你个人最有用的改变方法。

对我有用的

信号：为了迈出第一步（每天做 5 个俯卧撑），我采用了与另一个习惯相关联的办法——吃完早餐后第一件事就是做 5 个俯卧撑。为了保证自己能做到，我还在手机上设置了一个提醒——在早上 9 点问自己："今天的 5 个俯卧撑做了吗？"这样就更容易监测我的行为并及时做出改正。把哑铃放在床脚显眼处也是一个热信号，对我的帮助很大，这比把哑铃放在床下，每次都要掀开床垫才能拿出来用好多了。

简化行为：从俯卧撑开始也是简化行为的一部分，这不需要哑铃、垫子、弹力带。只做5个而不是20个当然也符合简化的原则。

设置环境： 我对环境做了一些改动，这对我坚持健身有很大帮助。比如，我在家里搞了一个迷你健身房，这样就可以防止我找借口说去不了健身房而不运动。同样，让私教上门也会“强迫”我抽出一定时间来健身， 这也是来自环境的一大帮助。办公室里的蹦床也是为健身而做的环境改变，甚至矫正鞋垫也是（不直接影响运动量，但能让身体在一天天中更有力量）。

反馈： 在照镜子时看到皮肤变好可能是最有力的反馈，一段时间没见的同事和朋友再见面时的夸奖也是。让我印象深刻的一个事实是，早期 YouTube 视频里的我看着比现在还老。尽管我的年龄长了不少，但身体似乎更年轻了。

支持习惯养成的社会关系： 让妻子和我一起健身的做法改变了一切，愧疚感因此烟消云散。我很高兴我们都开始健身了，这也会让我们在彼此眼中更好看。

结论

在生活的各个方面取得进步的同时，我也试着将它们尽可能和谐地结合起来，创造一个适合我时间安排和健康目标的日程。

到了现在，对我而言一切还是始于那杯水。你的起点将会是什么？接下来会有哪些步骤？花点时间想一想适合自己的办法，然后在实践中测试，并在必要时加以调整。

勇敢地去尝试，用好奇的眼光看看别人是怎么做的，看自己是否可以以及该如何借鉴他们的秘诀。

结语

关于可维持改变的旅程就要结束了。

我们已经关注过习惯如何影响我们的选择，影响我们现在是什么样的人，以及以后会成为什么样的人。这个过程缓慢而无声无息，但又无法阻挡，我们越早认识到这一点，就越能有意识地将其引向自己想要的方向。我们曾提到“习惯”一词在一般认知中的恶名，而“动机”一词则更吸引人，听起来更美好，尤其是由当下某个最火爆的能让我们激动的“大师”说出来的时候，哪怕之后我们可能更加沮丧。在本书中，我们的出发点是动机只是实现改变所需的诸多要素之一，它在我们的掌控之外，我们又常常以它为借口来拖延：“实在没动力，现在不是时候，明天吧。”而如果我们学会如何养成习惯，尤其是有益的习惯，我们就不仅能加强意志力，还会把完成各种小行动变成责任，日积月累，我们就会实现难以想象的质的飞跃。正是这些习惯让我们接触到“内在动机”——这是我们真正的好盟友。

在本书的第一章，我们重点讨论了实现改变及养成“制胜习惯”的准备工作。其实，没有适用于所有人的“ 制胜习惯”，每个人都要找到适合自己的。因此，在将行动自动化，用心用力之前，一定要仔细地调整好方向。如果我们没想好人生的方向，不知道自己基本的价值取向，那就会像迷航的水手，满怀挫败与怨恨地从一个港口驶到另一个港口，或者更糟糕，像那些迷茫的船长，因为不知道去往哪里，干脆把船留在港口，拒绝出海。

“1% 法则”代表了我们启程时的心态。实现巨大改变的最佳方法就是长期不断地积累小的改变。人生不是百米跨栏，而是一场马拉松，要尽量调配好所有可用的资源。

然后，我们进入了“习惯解析”部分，找出了在哪些组成部分上着手可以使行动易于长期重复，从而实现自动化。在这一基础上，我们讨论了“信号”——提醒我们朝着某个方向行动并引发某一行动的标记——这一行动要尽可能简单到不能拒绝（至少在初始阶段如此）。因此，我们必须学会将信号设置在环境当中。研究和了解各种类型的信号以及各种简化行动的方法，是弥补意志力的不足，帮助我们迈出习惯养成第一步的关键。

调整好信号和行动之后，就可以专注于动机部分。关注外在动机的同时也不要忘记在内在动机上下功夫，因为光有外在动机是不够的，而且，外在动机持续的时间都很短暂。事实上，持久的改变意味着内心深处的信念、看待世界和自身的方式都要有所变化，并且要在价值取向与想法、行动、目标之间架起一座桥梁。

在本书的第三章，我们研究了有助于坚持、巩固、拓展改变的另外三个因素。

我们所处的环境是行为实现的地方，不可低估环境的力量，它能阻止最强的意愿，也能“强迫”我们做出重要的行为。了解其潜力有助于我们将行为导向我们想要的方向，并且更能意识到自己处于他人设计的环境之中——不管是自愿还是被迫。

然后，我们讨论了“反馈”。这是我们的社会和文化环境所缺失的，我们了解到没有反馈就无法确认决定、行为、投入正确与否，就会感到迷茫。我们看到，建立短期反馈机制是取得长期效果的最佳方法。

最后，我们讨论了遗传因素和社会环境的影响。生理因素是无法改变的，所以当我们想要做出某种改变时，一定要意识到根本的限制；而社会环境方面则有更多行动空间，它是使改变持续下去的又一个关键。

播下种子、集合因素、相信未来

有人说：“植树最好的时机是二十年前，其次是现在。”我想说的是，现在球就在你手中，你可以把本书放回书架，继续拖延，也可以一次 1% 地逐渐让自己成长。

一朵花要开好，需要很多关注。光有水、肥沃的土壤和阳光并不足够，还需要许多因素的协同。一个好的园丁对此很清楚，而且知道如何将这些因素集合起来。他们研究在什么土壤中播种，如何施肥，观察光照的程度，适度浇水。好的园丁会利用所有可用资源，并将其综合起来，把每一片草地变成美丽的花圃。

你也要像园丁那样，综合本书中提到的种种因素，研究、试验、整合，将它们调整成适合你的样子，然后去着手改变，面对人生。

与此同时，你也要像园丁那样，深知光有技术是不够的，还必须有信念。他们在杂草丛生、土壤干裂的地方种下种子，没有卖掉或是吃掉它们，而是秉持信念，哪怕冒着种子不发芽或是被饥饿的鸟儿偷吃掉的风险。只有这样，他们才有机会看到种子生根发芽、长叶开花。只有先相信看不见的，之后才能拥有花园。

要让花园开满花朵，
我们就要有勇气相信今天不可见的东西。

我们要想改变，也不能仅仅依靠技巧，还要相信一切都值得，就算在困难的时刻也要记得，一颗种子要开花是需要时间的。此刻的你是过去 5 年所养成习惯的结果，5 年后的你则是从今日起开始养成的习惯的结果。现在选择做或不做的每一件事，都在支持或反对你成为你想成为的样子：正是这一小步一小步地累积形成了最终的结果。

永远不要忘记园丁的品德和技巧。像园丁一样行动，把我们至此讨论过的所有习惯养成要素联系起来，让你的人生变成繁花似锦的花园。

附录

这部分收录了一些方法，都是我在为前来做习惯咨询的人制订改变计划时会使用的。

在下文中你可找到以下内容：

◎ 1% 法则进步度量表。

◎养成单个新习惯的参照框架——通过 1% 法则八步达标法呈现。

◎戒除单个坏习惯的参照框架——同样通过 1% 法则八步达标法呈现。

◎养成单个新习惯的过程示范——以“多喝水”为例。

◎养成单个新习惯的过程——是一张空表，是为你想要养成的习惯而准备的。

◎通过 1% 法则达成大目标——以“40 岁恢复身材”为例。

1% 法则进步度量表

你可以使用此表来跟踪一段时间内习惯养成的进步情况。列出你正在着手养成的行为（记住，最好从少量简单的行为开始，最好就从一种行为开始），每次做到了就在当天的圆圈内打叉或将其涂满。比如：我在每天起床后都会制订当日三目标，做到了就在相应的地方打叉。

这个工具非常强大，它不仅能帮你获得习惯养成进程的即时反馈，还能帮你监测是否有进步，在必要时更容易做出调整，并且能帮你保持充足的动力坚持你的计划。

以下是对此表使用方法的详细说明：

◎每天结束时，在人脸上画出相应的表情（有三种表情：非常满意、比较满意、不太满意），以此作为你有没有坚持习惯计划的反馈。你也可以在月底综合整月的情况时画出表情，看看过去三十天内在习惯养成方面做得如何。

◎不是所有的习惯都需要每天履行，如果要养成的习惯是一周一次，那就把不需要的圆圈都划掉，把表格改成适合自己频率的样子。

◎牢记“零无效日”，即使不能完全做到，也不要彻底中断。比如，如果你因为太累而坚持不了计划的健身时长，或者只做了一半的时间，我还是建议你将其在表中标出来——可以用另一种

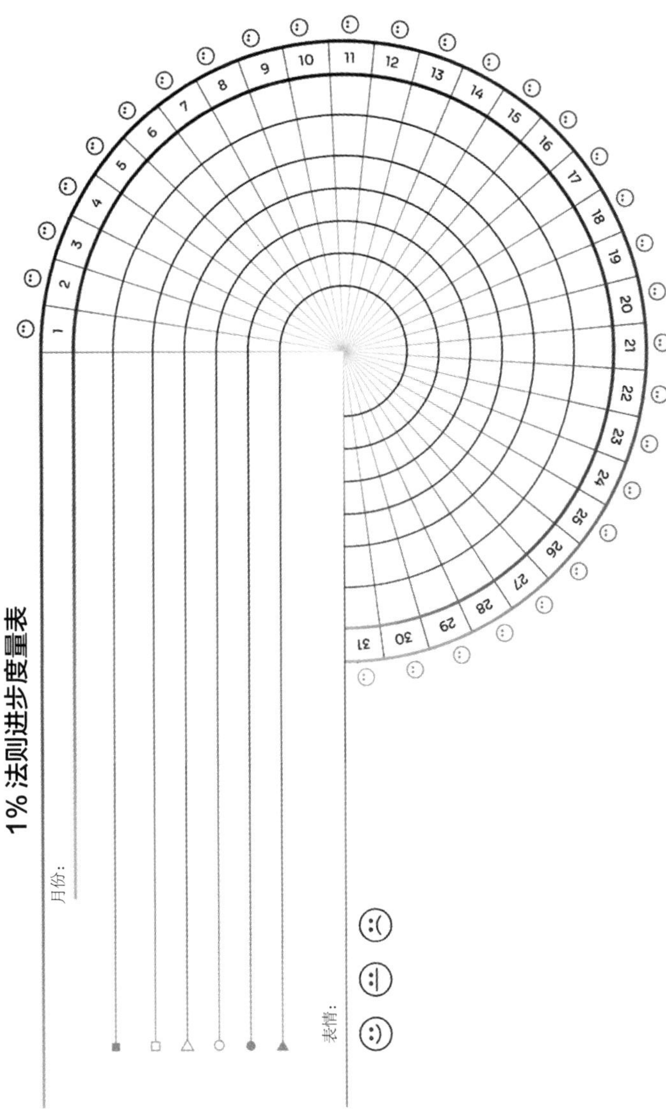
1% 法则进步度量表
月份：
表情：
1
2
3
4
5
6
7
8
9
10
11
12
13
14
15
16
17
18
19
20
21
22
23
24
25
26
27
28
29
30
31

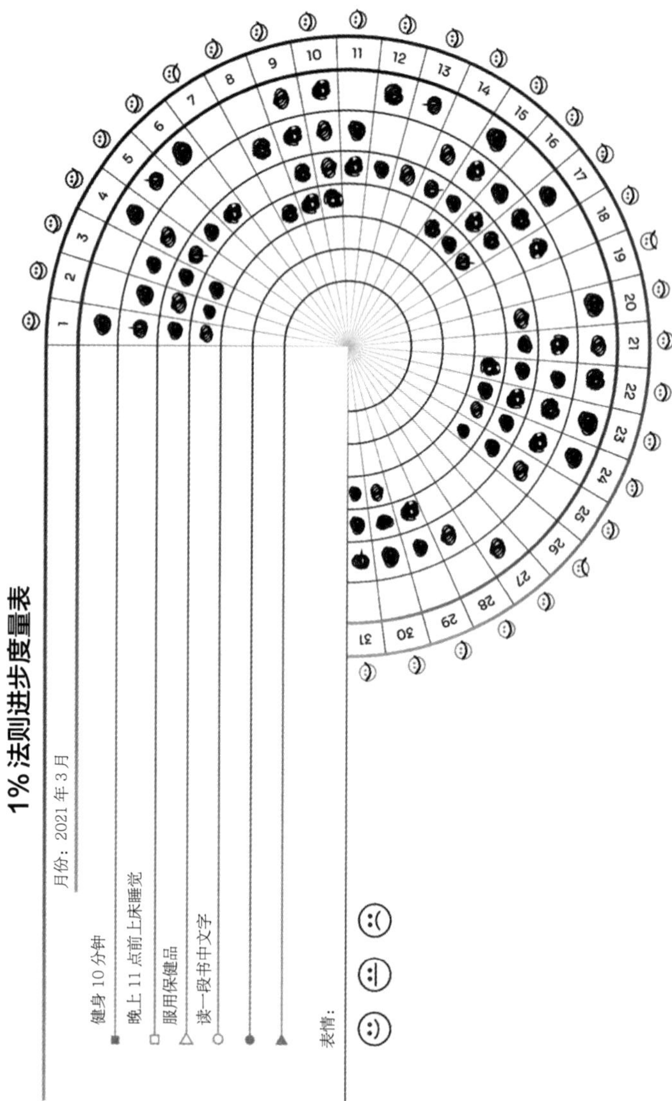
1% 法则进步度量表
月份：2021 年 3 月
健身 10 分钟
晚上 11 点前上床睡觉
服用保健品
读一段书中文字
表情：
1
2
3
4
5
6
7
8
9
10
11
12
13
14
15
16
17
18
19
20
21
22
23
24
25
26
27
28
29
30
31

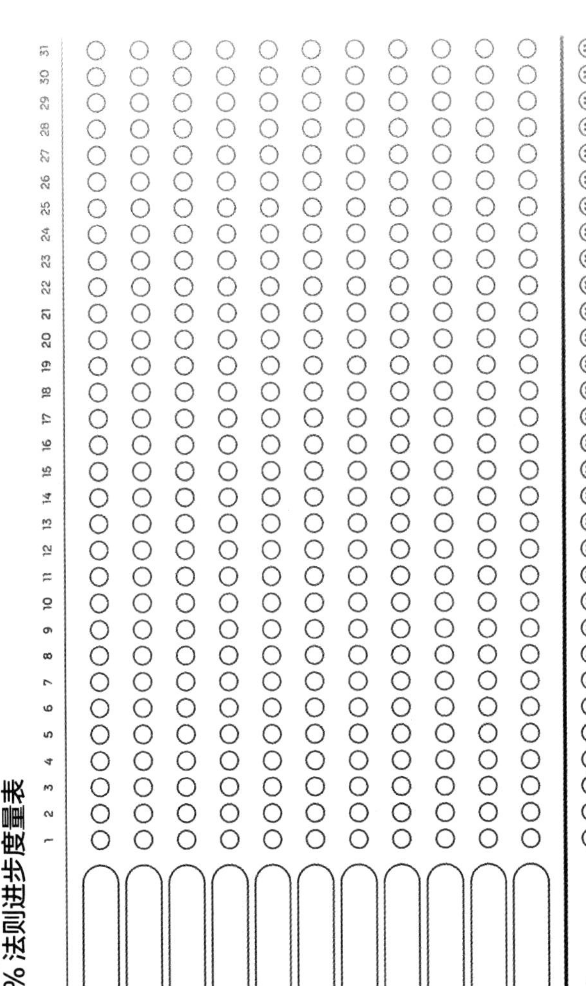
月份:
1% 法则进步度量表
1 2 3 4 5 6 7 8 9 10 11 12 13 14 15 16 17 18 19 20 21 22 23 24 25 26 27 28 29 30 31
表情:

月份：2021 年 3 月

1% 法则进步度量表

	1	2	3	4	5	6	7	8	9	10	11	12	13	14	15	16	17	18	19	20	21	22	23	24	25	26	27	28	29	30	31
健身 10 分钟	●	○	○	●	●	●	○	○	●	●	○	●	●	○	●	○	●	○	○	●	●	●	●	●	○	○	●	○	○	○	○
晚上 11 点前上床睡觉	●	●	●	●	○	○	○	●	●	●	●	○	○	●	●	●	●	●	○	○	●	●	●	●	●	○	○	●	●	●	●
服用保健品	●	●	●	●	●	●	○	○	●	●	●	●	●	●	●	●	●	○	○	●	●	●	●	●	●	○	○	○	●	●	●
读一段书中文字	●	●	●	○	○	○	○	●	●	●	○	○	○	○	●	●	●	○	○	○	○	●	●	●	●	○	○	○	○	●	●
	○	○	○	○	○	○	○	○	○	○	○	○	○	○	○	○	○	○	○	○	○	○	○	○	○	○	○	○	○	○	○
	○	○	○	○	○	○	○	○	○	○	○	○	○	○	○	○	○	○	○	○	○	○	○	○	○	○	○	○	○	○	○
	○	○	○	○	○	○	○	○	○	○	○	○	○	○	○	○	○	○	○	○	○	○	○	○	○	○	○	○	○	○	○
	○	○	○	○	○	○	○	○	○	○	○	○	○	○	○	○	○	○	○	○	○	○	○	○	○	○	○	○	○	○	○
	○	○	○	○	○	○	○	○	○	○	○	○	○	○	○	○	○	○	○	○	○	○	○	○	○	○	○	○	○	○	○
	○	○	○	○	○	○	○	○	○	○	○	○	○	○	○	○	○	○	○	○	○	○	○	○	○	○	○	○	○	○	○
	○	○	○	○	○	○	○	○	○	○	○	○	○	○	○	○	○	○	○	○	○	○	○	○	○	○	○	○	○	○	○
表情：	☺	☺	☺	☺	☺	☺	☹	☺	☺	☺	☺	☺	☺	☺	☺	☺	☺	☺	☹	☺	☺	☺	☺	☺	☺	☹	☺	☺	☺	☺	☺

颜色，因为从长远来看，即使是没有完全做到的那一天你也会有所收益，这对树立正确心态非常重要。

最后，提示一下，我做了两个版本的进步度量表，它们的本质内容是一样的，只是形式不一样，你可以选择自己更喜欢的那个。

养成单个新习惯的参照框架（总览）——1% 法则八步法

总览

准备工作（第一支柱）

步骤 1：在价值取向和目标习惯之间建立起联系；

步骤 2：用 1% 法则设定思维模式；

基础内容（第二支柱）

步骤 3：设置信号；

步骤 4：简化行动；

步骤 5：建立动机；

补充知识（第三支柱）

步骤 6：有效地布置环境；

步骤 7：建立反馈体系；

步骤 8：分析可能的生理限制，着手改善社会环境。

戒除单个坏习惯的参照框架（总览）——1% 法则八步法

总览

准备工作

步骤 1：在价值取向和目标习惯之间建立起联系；

步骤 2：用 1% 法则设定思维模式；

基础内容

步骤 3：让信号更“冷”，更不可见；

步骤 4：将行动复杂化；

步骤 5：降低动机；

补充知识

步骤 6：有效地布置环境；

步骤 7：建立反馈体系；

步骤 8：分析可能的生理限制，着手改善社会环境。

养成单个新习惯的过程示例

例：

想养成的习惯——

多喝水

（目标：每天 2 升）

准备工作

步骤 1：在价值取向和目标习惯之间建立起联系。

分析要养成的行为如何与核心价值取向相吻合。可以与已有的价值取向相关联，也可强化特定的价值取向以与之相吻合。

以“多喝水”为例，此行为首先与“健康”直接相关，如果这样的关联不是很稳固，就需要加以强化或想办法与其他更坚定的价值取向相关联。

步骤 2：用 1% 法则设定思维模式。

要意识到习惯的养成过程应该是缓慢而渐进的，从而绕过机体恢复稳态的倾向。

在“多喝水”的例子中，不要想着在短短几天之内就从一天一杯水直接加到一天两升水，而应该制订循序渐进的计划：先增加到半升，然后加到一升、一升半，直到两升。

基础内容

步骤 3：设置信号。

信号是环境中能引发某些行为的因素。为提高做出行为的可能性，应加入尽量多的信号（最好是热信号），并让其清晰可见。

可采取的办法：

◎在办公桌上放一瓶水，这样一抬头就能看见，从而提醒自己喝水。

◎在家中常去的地方贴上便利贴，写上“记得喝水”。

◎下载定时提醒应用程序，提醒自己喝水。

◎将“喝水”与另一个已成为习惯的动作相连（这个动作就成了信号）。比如：每次挂电话时都提醒自己喝水，每喝一杯咖啡就喝一杯水，回家走到水槽边就喝一杯水，等等。

步骤4：简化行动。

行动的“成本”越大，实施的可能性就越小。一开始，我们必须要让想养成的行为“简单到不能说不”。一旦养成了习惯，实施行动就会容易得多。

可采取的办法：

◎将目标设定为每天多喝半升水（一小瓶）。如果还是太多，可进一步减少：每天多喝两杯，一杯在起床后，一杯在睡觉前。还可以只增加“1%”：每天多喝一杯，在起床后喝。

◎当身体已经习惯摄入更多的水之后，就可以制订一个个人计划，以减少保持这一习惯所需的脑力。比如，可以按杯分配（每杯200毫升，共10杯）：起床后一杯，早餐一杯，早上茶歇一杯，午餐两杯，下午两杯，晚餐两杯，睡前一杯。

步骤5：建立动机。

为了建立动机，可以试着增强想养成行为的吸引力。

可采取的办法：

1. 着眼于感受：让行为更令人愉悦。

◎在水中加入天然香料（柠檬汁、姜、花草茶等）。

◎购买味道更喜欢的品牌的水。

◎让其他特性（如温度）也更符合自己的偏好：喜欢常温的？那就提前把水瓶从冰箱里拿出来，放在餐桌显眼的位置回温；喜欢冰镇的？那就放在冰箱里或加冰饮用。

2. 着眼于预期：加强对想养成习惯的积极预期。

◎看过相关资料后，拿一张纸，写下多喝水的长期益处（如：提升健康，改善认知表现，等等）。

3. 着眼于归属感：增强想养成行为的社会认可感。

◎在社交媒体上加入一个群组，群里都是想养成相同习惯的人，大家会相互交流有用信息，彼此鼓励。

补充知识

步骤 6：有效地布置环境。

我们必须布置自己的环境，让新习惯的养成变得更简单，甚至有时是不可避免的。

可采取的办法：

◎预约定期送水服务，让家里始终有饮用水，不会出现短缺；

购买净水器。

◎每晚在床头柜上放一杯水，养成早上一起床就看到并喝掉的小习惯。

◎把水放在家中显眼的地方，而不是放在冰箱底层的最里面，或者将其放在远离视野的橱柜中。

◎避免购买其他用来解渴的饮料。

步骤7：建立反馈体系。

对所做之事进行反馈有两个好处：知道自己正走向哪里，做得对不对；对所做之事给出即时激励，从而增强继续做下去的动力。

可采取的办法：

◎在进步度量表上记下所有喝水量达标的日子。

◎买一个带刻度的水壶，反馈已喝了多少水，以及还要喝多少水才能达标。

步骤8：分析可能的生理限制，着手社会环境。

1.分析生理限制。

是否存在阻碍养成这种习惯的生理限制？

□有，需要换一个习惯。

可以换成什么新习惯？

☒没有，可以继续。

2.着手社会环境。

在新习惯养成的过程中，我们最常接触的人对我们有很大影响：如果他们做出某种行为，我们会自然而然地模仿。

可采取的办法：

◎分析人际关系网，多和已养成多喝水习惯的人接触（注意：既可以是真的认识，也可以是通过虚拟方式接触）。

◎找一个共同改变的伙伴或群组，支持自己养成多喝水的新习惯。

养成单个新习惯的过程（你要养成的习惯）

想养成的习惯：

（目标：……………………………………………………………………………）

准备工作

步骤 1：在价值取向和目标习惯之间建立起联系。

分析要养成的行为如何与核心价值取向相吻合。可以与已有的价值取向相关联，也可强化特定的价值取向以与之相吻合。

我现在有哪些价值取向，如何与想做之事关联?

……………………………………………………………………

……………………………………………………………………

……………………………………………………………………

……………………………………………………………………

……………………………………………………………………

步骤 2：用 1% 法则设定思维模式。

要意识到习惯的养成过程应该是缓慢而渐进的，从而绕过机体恢复稳态的倾向。

如何以小步行千里？

……………………………………………………………………

……………………………………………………………………

……………………………………………………………………

……………………………………………………………………

……………………………………………………………………

基础内容

步骤 3：设置信号。

信号是环境中能引发某些行为的因素。为提高做出行为的可能性，应加入尽量多的信号（最好是热信号），并让其清晰可见。

可采取的办法：

……………………………………………………………………

……………………………………………………………………

……………………………………………………………………

……………………………………………………………………

步骤 4：简化行动。

行动的“成本”越大，实施的可能性就越小。一开始，我们必须要让想养成的行为“简单到不能说不”。一旦养成了习惯，实施行动就会容易得多。

可采取的办法：

……………………………………………………………………

……………………………………………………………………

……………………………………………………………………

……………………………………………………………………

……………………………………………………………………

步骤 5：建立动机。

为了建立动机，可以试着增强想养成行为的吸引力。

可采取的办法：

1. 着眼于感受：让行为更令人愉悦。

……………………………………………………………………

……………………………………………………………………

……………………………………………………………………

……………………………………………………………………

2. 着眼于预期：加强对想养成习惯的积极预期。

……………………………………………………………………

……………………………………………………………………

……………………………………………………………………

……………………………………………………………………

3. 着眼于归属感：增强想养成行为的社会认可感。

……………………………………………………………………

……………………………………………………………………

……………………………………………………………………

……………………………………………………………………

补充知识

步骤 6：有效地布置环境。

我们必须布置自己的环境，让新习惯的养成变得更简单，甚至有时是不可避免的。

可采取的办法：

……………………………………………………………………

……………………………………………………………………

……………………………………………………………………

……………………………………………………………………

步骤 7：建立反馈体系。

对所做之事进行反馈有两个好处：知道自己正走向哪里，做得对不对；对所做之事给出即时激励，从而增强继续做下去的动力。

可采取的办法：

……………………………………………………………………

……………………………………………………………………

……………………………………………………………………

……………………………………………………………………

步骤 8：分析可能的生理限制，着手社会环境。

1. 分析生理限制。

是否存在阻碍养成这种习惯的生理限制？

☐有，需要换一个习惯。

可以换成什么新习惯？

☒没有，可以继续。

2. 着手社会环境。

在新习惯养成的过程中，我们最常接触的人对我们有很大影响：如果他们做出某种行为，我们会自然而然地模仿。

可采取的办法：

……………………………………………………………………

……………………………………………………………………

……………………………………………………………………

通过 1% 法则达成大目标

许多人曾咨询过我，1% 法则如何能帮他们达成生活各个方面的大目标。

无论是改善夫妻关系，加强领导力，提高自信心或其他，我的建议都是将大目标化解为一系列“小行动”。如果能将这些小的行动自动化，我们就能接近想要的目标。

正如“在 40 岁时轻松恢复身材”一节中所见，实现重大目标的方式是将多个方面的一系列行动自动化。

同样，如果我想改善夫妻关系，就可以问问自己在情感生活中有哪些方面有待加强，也许包括：多夸赞伴侣，每日倾听其需求，切实地帮助对方达到目标。养成这样的习惯会对改善夫妻关系有帮助。

如果我想提高自信心，就可以思考自己有哪些弱点，并从小行为着手：每天写日记以便更好地了解自己；以具体的方式反思自己；或者坚持不懈地努力，在某一项技能上达到很高水平（有擅长的技能就更容易取得优异的成果，这会给我价值感）。

为了加强自己的领导力，我意识到自己需要提高对同事的关心，在办公室传递更多快乐，并且应该习惯于给他们提供更多有价值的东西。

我们找出的这些行为都可以通过本书介绍的八步法来促成，实现自动化。

以下是通过 1% 法则实现大目标的简化版参照框架，主要由 5 部分组成：

1. 聚焦最终目标；

2. 分析待改善的方面；

3. 对于每个方面，找出可着手的点；

4. 为待改善方面确定优先级；

5. 用八步法实现重点行为。

例：

40 岁恢复身材

（摘要）

---

1. 聚焦最终目标

◎想达到的理想状况是什么？

活得更久，保持精力，清醒地老去。

◎是什么动机推动你去做？

尽可能长久地照顾家人，也为世界贡献一份力量。

◎你的价值取向如何与你的目标相关联？

家庭、利他、健康等价值取向都可由这一最终愿景满足并加强。

2. 分析待改善的方面。

哪些方面有助于建立、维持理想状况？（要想知道重点需要改善哪些方面，比如，想知道加强领导力需要改善哪些方面，可以阅读相关书籍，向敬重的领导请教，等等，否则就可能不得章法。好的方法可以为你省时省力。）哪些方面会制造障碍？

方面 1　饮食

方面 2　睡眠

方面 3　运动

方面 4　保养

方面 5　……

3. 对于每个方面，找出可着手的点[①]。

方面 1　饮食	方面 2　睡眠	方面 3　运动	方面 4　保养
服用保健品	早睡	塑身	……
多喝水	提高睡眠质量	增加肌肉力量	
多吃蔬菜水果	……	……	
控糖			
……			

4. 为待改善方面确定优先级。

◎更想从哪个方面开始？为什么？

①显然，在早期阶段，尤其是自己来的话，这个表会非常粗略。不过，正如前文所说，不需要等万事俱备才开始，因为我们知道，随着时间的推移我们会做出调整。

从饮食开始，因为对它的抗拒比较小（我很不愿意运动），而且相信会有持续的效果。如果采用循序渐进的方式，我觉得做一些改变也不会太费劲。

◎在所选的着手点中，你觉得哪个需要花的力气较少而对健康而言收效却较大？（或者说你的哪 20% 能产生 80% 的效果？）

应该是控糖，之后依次是多喝水，多吃蔬菜水果，服用保健品。

5. 用八步法实现重点行为。

根据实际经验，可选择 1 至 2 个（最多 3 个）未形成习惯的动作进行自动化练习（具体数字因人而异，取决于个人的习惯养成经验以及要养成行为的复杂程度），使用本书介绍的八步法实施，具体见前面的参照框架。

关于 1% 法则的交流指南

现在我们已经读到了《1% 法则》这本书的尾声，是时候思考并实践一下我们学到的东西了。正如本书第三章所说，身边向着同样方向努力的伙伴越多，习惯养成的过程就越顺利。因此，我想给你一些指导性问题，供你和同伴互相讨教用。

就像和别人一起旅行一样，结伴或分组讨论对每个人来说可能都是一次个人成长的机会。我建议你不要小看这一点：你可能会惊讶于携手共进竟能让实施改变并维持改变变得那么容易。

接下来我们就开始吧。

1. 在本书的开头，我们讨论了“改变的阻碍”这一话题，那我们就从这里开始：生活中你是否有想改变的方面？如果改变不成功，你认为是什么阻碍了你？和他人分享一下你的思考。

2.《1% 法则》一书的出发点是动机被高估了。要实现改变并长期维持它，需要一套渐进的习惯培养体系，它会逐步把我们带向想达到的目标。静下心来仔细回忆一下， 发生在你身上的“三分钟热度”的情况，至少列出 3 次：一时兴起要“勇敢一回”，做些新的、不同的、志向远大的事情，却又很快放弃。发生了什么？你最初的动机是维持住了，还是随着时间的推移（以及日常琐事）减弱了？和大家讨论一下这个问题。

3. 我们已经看到，在选择努力的方向之前，要知道自己的价值取向是什么。如果你愿意，请扪心自问：人生为何而活？

4. 现在的你正在和哪些坏习惯做斗争？坏习惯总是在你不经意间从 1% 开始萌发，今天的你又是过去 5 年养成习惯的结果。分享一下你的回答。

5. 你目前的生活中有哪些好习惯？读过《1% 法则》后想养成哪些新习惯？如果能坚持下去，你觉得自己 5 年后的生活会发生怎样的变化？和他人分享你的回答。

6. 我们说过，要将尚未形成习惯的行动自动化需要花费精力，因此请注意设定的各个目标孰轻孰重。在你想养成的习惯中，哪些是优先的？为什么？与同伴讨论一下。

7. 每一个重大决定或改变的背后都有强烈的情感驱动着我们。改变通常不是因为理性思考而起，而是由情感驱动的。要想改变生活，清楚地感受自己的情感至关重要。想想与你想养成的行为相连的情感是什么。不要仅限于“我喜欢”“我觉得有好处”。和同伴互相多问问，深挖每个人对想要养成的习惯到底有何感受。此时问问“为什么”可以很好地帮你开始。另外要记住，想要养成的习惯越让你兴奋，本书中的方法就越能帮你做出改变并将其维持下去。

8. 现在，想一想你的目标（工作上的或生活上的）：你可以从哪些方面着手，每次提升 1%，从而使道路更容易走，让你越来越接近目标？请记住，1% 看似不起眼，但从长远来看，它会对成果有巨大的影响。与同伴就此展开讨论。

9. 我们已经说过，在一段时间内反复做某种动作就能形成习惯，而只要让它易启动、可达成、有好处，重复就不难实现。你想培养成习惯的动作是否具备这三个特点？与同伴讨论一下。

10. 如果你想每天重复某个动作以培养习惯，但发现并不顺利，那可以从以下几点出发再试试：

◎改变信号；

◎简化行动；

◎强化动机。

想一想你应该调整哪一方面以及如何调整，以帮助你实现改变。同伴之间可以互相帮助，出谋划策。

11. 为你想养成的习惯想出至少五个能激发出它的热信号。再想五个你觉得有碍实现人生目标的坏习惯，你可以通过隐藏或消除哪些信号来阻止它们？可以让同伴帮助你。

12. 你可能已经发现了，依靠动机来做出习惯性行为从一开始就注定失败，尤其当动机来自外部时。知道了动机在整个习惯养成过程中只起很小的作用之后，如果你觉得需要增强它，那请回答这几个问题：

◎如何让要完成的动作更令人愉悦？

◎如何加强做出动作时对未来的预期？

◎如何增强归属感？

跟同伴互相讨论，互相帮助，出谋划策。

13. 现在，让我们来思考一下如何布置环境以帮助（或至少不要阻碍）我们培养习惯。还记得越战老兵的故事吗？能否通过突出环境与行为之间关系的重要性来概括一下这个故事？老兵归国后发生了什么？他们还继续吸食海洛因吗？原因是什么？试着在同伴之间回答这些问题。

14. 如果你在类似上一问的环境中，你能确定自己不会海洛因上瘾吗？就此在同伴之间进行讨论。

15. 你是否曾在离开家（如度假或出差）之后发现有些习惯不见了？或是搬到新的地方后逐渐养成了周围人的习惯？就此与同伴进行讨论。

16. 经过前面的思考，你该如何改变当前环境以促成想养成的好习惯，同时抑制坏习惯？和同伴进行讨论，互相帮助。

17. 我们已经看到，反馈能使表现平均提高 10%。你能想到可用于正在培养的习惯的反馈体系吗？就此与同伴讨论一下。

18. 在本书中，我集合了一些好的习惯，都是我为了充分发挥潜力而逐渐养成的。有哪些让你印象深刻？有没有你想纳入自己日常生活的？为什么？就此与同伴进行讨论。

19. 想一想阅读本书后学到的方法，你能否说出自己是如何一步步实现了上一问题中的行为养成，形成了习惯？和大家讨论一下可采取的步骤。

20. 请列出 3 个习惯（可以是你在第 5 问中选择的优先习惯，也可以是上两问中借鉴的我的习惯），并承诺要在未来 12 个月内养成。在周围人中选一个伙伴相互监督进展情况，定期交流总结。在习惯养成之路上有一个伙伴与你同行，会极大地促进你的成长。

致谢

很难一一感谢为本书的构思、灵感和思考启发过我的所有人。我学会了在评价一个人的时候，不是依据他自己的成就，而是看他身边人的成就。

一路上，我有幸结识了许多非常出色的人。他们给予我支持，不遗余力地帮助我成长，以洞见、专业和爱启发我、充实我。有些人我只是通过书本对他们有一些了解，而有些人我则有幸和他们见面和交谈，无论怎样，我对他们都有说不尽的感激。

保罗·鲁杰里邀请我进入“开源管理”（Open Source Management），我在那里学习了企业管理课程，结识了许多不一般的人，和他们的许多次谈话让我醍醐灌顶，真正明白了“给予”重于“索取”，以及让每日所做成为一种社会使命的重要性。

马科·蒙特马尼奥给了我很多关于网络传播策略、手段、工具的建议和鼓励，对我的帮助超乎想象。他不但教给我方法，也让我认识到自己在传播方面的潜力。

对于来找我咨询的人，我亦有一种特殊的感激之情。正是因为多年来与他们一起进步，我才能发展出本书以及我在其他书中总结的观点、理论和工具。

于我而言极为重要的，是身边有一支非凡的工作团队。没有他们的友情、支持、专业和努力，我恐怕连现在的十分之一都实现不了。尤其是在写《1% 法则》的过程中，艾蕾特拉为我提供了至关重要的支持，帮助我整理想法，并以有用、有效的方式呈现出来。

还要特别感谢Giunti Psychometrics出版社的全体编辑人员，他们以高度的专业精神认真对待出书的每一个环节。

我非常感激许许多多的心理学家和作家，其中的许多人我有幸对他们进行过视频采访，他们的理论和作品都对我产生了深远影响。

尤其是 B.J. 福格、利奥·巴鲍塔、查尔斯·杜希格、詹姆斯·克利尔等，正是因为他们，我才得以发展出自己的习惯养成方法，进而形成本书的内容。

后记

如果你认同本书阐述的价值观，并觉得书中的信息有用，希望你能让更多的人知道这本书。

以下是你可以做的很小却极有价值的事：

◎将“1% 法则”运用于生活，成为最好的自己。你的行为和转变将是本书最好的广告，也是这个世界最需要的礼物。

◎为本书打出五星好评。这个举动虽小，却能让那些还在犹豫不决的人选择相信本书的作者，这也就意味着帮助作者传播了1% 法则的理念。

◎拍一张本书的照片发到社交网络上，并为本书写一篇书评，说说你为什么喜欢这本书。

◎把这本书送给你认为需要在生活中养成好习惯的人。读书可以让人审视自己想法和行为，这可比一千次劝说管用多了。

真心感谢你为传播好的心理学做出的每一分努力。

卢卡 · 马祖切利

版权贸易合同审核登记图字：22–2024–110

图书在版编目（CIP）数据

1%法则 / (意) 卢卡 · 马祖切利著 ; 王烈译.
贵阳 : 贵州人民出版社, 2024. 10. -- ISBN 978–7–221–18563–1

Ⅰ. B842.6–49

中国国家版本馆CIP数据核字第2024U3J868号

1% FAZE

1%法则

[意]卢卡 · 马祖切利 著　王烈 译

出 版 人　朱文迅
策划编辑　陈继光
责任编辑　蒋　茶
封面设计　人马艺术设计 · 储平
责任印制　赵　明　赵　聪

出版发行　贵州出版集团　贵州人民出版社
地　　址　贵阳市观山湖区会展东路 SOHO 办公区 A 座
印　　刷　万卷书坊印刷（天津）有限公司
版　　次　2024 年 10 月第 1 版
印　　次　2024 年 10 月第 1 次印刷
开　　本　880 毫米 ×1230 毫米　1/32
印　　张　8.25
字　　数　162千字
书　　号　ISBN 978–7–221–18563–1
定　　价　52.00 元